未读 | 探索家

Letters from an Astrophysicist

NELL DEGRASSE TYSON

把宇宙作为方法

天体物理学家写给所有人的101封信

[美] 尼尔·德格拉斯·泰森 —著 | 阳曦 —译

天津出版传媒集团
天津科学技术出版社

著作权合同登记号：图字 02-2021-056

Published by arrangement with Dunow, Carlson & Lerner Literary Agency, through The Grayhawk Agency Ltd.

图书在版编目（CIP）数据

把宇宙作为方法：天体物理学家写给所有人的101封信 / (美) 尼尔·德格拉斯·泰森著；阳曦译. -- 天津：天津科学技术出版社，2021.6（2021.9重印）

书名原文：LETTERS FROM AN ASTROPHYSICIST

ISBN 978-7-5576-9297-1

Ⅰ. ①把… Ⅱ. ①尼… ②阳… Ⅲ. ①天体物理学－普及读物 Ⅳ. ①P14-49

中国版本图书馆CIP数据核字(2021)第084674号

把宇宙作为方法

BA YUZHOU ZUOWEI FANGFA

选题策划：联合天际·边建强

责任编辑：胡艳杰

出　　版：天津出版传媒集团
　　　　　天津科学技术出版社

地　　址：天津市西康路35号

邮　　编：300051

电　　话：（022）23332695

网　　址：www.tjkjcbs.com.cn

发　　行：未读（天津）文化传媒有限公司

印　　刷：三河市冀华印务有限公司

关注未读好书

未读 CLUB
会员服务平台

开本 880 × 1230　1/32　印张 7　字数 160 000

2021年 9 月第1版第 2 次印刷

定价：58.00元

本书若有质量问题，请与本公司图书销售中心联系调换
电话：(010) 52435752

献给我的母亲，她第一次教会了我如何写出有意义、有感染力的东西。

也献给我的父亲，他对人、地、物的体悟赋予了我生活所需的智慧。

若是这封信写得过于冗长，或许也情有可原，因为我没有时间将它提炼得更加简练。

——威廉·古柏

前言

如今人们主要靠社交媒体来交流，写信成了一门失传的艺术。这个变化带来的最大损失可能是，我们越来越难找到合适的字句来准确传达自己的情绪和感受。不然的话，除了文字交流以外，我们为什么还需要各种各样的表情符号呢？笑脸、生气的脸、爱心、竖大拇指。可是当这个世界激起了你的好奇心，当你为自己的无知坐立不安，当存在的焦虑开始满溢，在这样的时刻，你需要给某个人正式地写一封信。

本书收录了我的一部分通信，时间跨度长达二十多年；和我通信的对象几乎全是陌生人，其中大部分信件来自我的电子邮件地址对外公开的那十年。那段时间里，我收到的信的内容大部分是直接询问科学问题，这些信件由纽约海登天文馆的专业团队分类处理，当时我是那里的馆长。而本书收录的主要是其他一些多少带有个人色彩的信件，比如说，信中专门提到了我的某次演讲，或者我的某一本书，又或者某段有我出镜的视频。

在所有的信件中，那些充满情绪、好奇心或者焦虑感的来信我都完整地刊登了出来。[①] 另一些相对散漫的来信则被我提炼成了一段。有的来信人满怀愤怒，要么是针对这个世界，要么是针对我说过、做过的事情。有的来信人喜欢探讨理念和信仰，还有一些来信人忧伤、敏感、尖锐。

---

① 出于理性的考虑，我对这些来信做了些许编辑，纠正了拼写和语法错误；长信也删繁就简，使之更加清晰。

很多信里蕴藏着我们每个人多多少少体会过的那种渴望：寻找生命的意义；孜孜不倦地试图理解自己在这个世界和宇宙中的位置。

除此以外，本书还收录了我写的几封没有特定对象的信。比如说写给编辑的（主要是《纽约时报》的编辑），还有贴在我的脸书页面和其他公众网站上的公开信。最早的一封公开信可以追溯到 2001 年 9 月 12 日，那真是漫长的一天；前一天我在四个街区外目击了那次袭击，我亲眼看着世贸双塔轰然崩塌，24 个小时后，我给家人和同事写了那封信。

总而言之，这本书汇集了我的点滴智慧，希望这本书能为好奇的读者提供些许知识和灵感，甚至共鸣。这是一个天体物理学家暨教育家眼中的世界。现在，我愿与你分享它。

序

我与你悲欢与共

60 岁生日快乐，NASA

2018 年 10 月 1 日，星期一

亲爱的 NASA（国家航空航天局）：

生日快乐！你可能不知道，我和你一样大。1958 年 10 月的第一周，美国国家航空暨太空法案孕育出了一个民用航天机构，那就是你；与此同时，我的母亲在东布朗克斯生下了我。在我们共同迈入 60 岁的这一年，我想借这个独特的机会展望我们的过去、现在和未来。

约翰·格伦第一次进入地球轨道的那年，我 3 岁。“阿波罗 1 号”指令舱在发射台上突然起火，让你痛失 3 位宇航员——格里森、查菲和怀特——的那年，我 7 岁。你将阿姆斯特朗和奥尔德林送上月球的那年，我 10 岁。而在我 14 岁那年，你停止了迈向月球的脚步。那时候，我为你、为美国欢欣鼓舞。很多人会代入宇航员的角色，去想象太空之旅带来的激动和战栗，但我却体会不到这种情绪。我太小了，当不了宇航员，这显然是原因之一。但我还知道，我的肤色太黑，所以在你为这场史诗般的远征描绘的画卷中，不可能有我的一席之地。除此以外，还有一个原因：虽然你是一家民用机构，但你旗下最著名的宇航员都是军方的飞行员。

尽管在那个年代，战争正在变得越来越不受欢迎。

20 世纪 60 年代，我对民权运动的切身感受肯定比你深刻。事实上，1963 年，在民权运动的风潮中，副总统约翰逊下令，迫使你在亚拉巴马州亨茨维尔著名的马歇尔太空飞行中心开始招募黑人工程师。我在你的档案里找到了当时的信件。你还记得吗，时任 NASA 局长的詹姆斯·韦伯给德国火箭先驱沃纳·冯·布劳恩写了一封信，当时布劳恩是太空飞行中心的头儿，也是整个载人航天项目的首席工程师。韦伯在信中直截了当地指示冯·布劳恩要设法解决当地“黑人缺乏平等就业机会”的问题，并让他和当地的亚拉巴马农工大学、塔斯基吉学院合作，为 NASA 在亨茨维尔的分支机构遴选、培训、招募合格的黑人工程师。

1964 年，我看到抗议者聚集在布朗克斯河谷区新建的公寓大楼外，那时候我们俩都还没满 6 岁。那些人想阻止黑人家庭搬进这栋大楼，其中也包括我家。我很高兴他们没能成功。这栋 22 层的高楼名叫“天景公寓”，这个名字仿佛预示着什么：后来我正是在它俯瞰布朗克斯的屋顶天台上，对着宇宙举起了望远镜。

我的父亲在民权运动中十分活跃，当时他在纽约市长林赛手下工作，致力于为贫民窟——当时人称“市中心”——的年轻人创造工作机会。年复一年，这项工作面临着强大的阻力：贫困的学校、糟糕的老师、薄弱的资源、严重的种族歧视，还有遇刺的领导人。所以，从水星计划到双子座计划再到阿波罗计划，你每个月都为太空中的新进展欢呼庆祝时，我只能眼睁睁地看着美国竭尽全力排斥我的存在，扼杀我的人生追求。

我希望得到你的指引，希望你描绘的愿景能让我信服，为我的抱负提供燃料。但你不在那里。当然，这是社会的问题，我不该苛责你。你的行为只是美国惯例的体现，而不是原因，我明白。但无论如何，你应该知道，在我的同龄人里，很多同行成为天体物理学家是因为你在太空中取得的成就激励了他们，而我是例外的寥寥几人之一。为了激励自己，我转而投向了图书馆和书店里关于宇宙主题的特价书、天台上的望远镜和海登天文馆。求学的日子里，偶尔我会觉得，在这个充满敌意的社会里，我选择了最崎岖的道路；断断续续地念了很多年书以后，我成了一名职业科学家，一名天体物理学家。

接下来的几十年里，你走了一条很长的路。随着其他发达国家和发展中国家从技术和经济层面纷纷超越我们，那些还没有意识到太空探险对我国未来有何价值的人很快也会幡然醒悟。不光如此，这些年来，你看起来更美国了，从你的高级管理人员，到你最负盛名的宇航员都是如此。恭喜。现在，你属于全体公民。这方面的例子不胜枚举，但我记忆犹新的还是那次，公众接管了你最疼爱的无人项目——哈勃望远镜。2004 年，他们大声疾呼，最终扭转局面，促使哈勃望远镜得到了第四次维修，将它的寿命又延长了10年。我们都看过哈勃拍摄的震撼宇宙图片，为了部署、维修这台望远镜，多位宇航员乘坐航天飞机执行过任务，哈勃提供的数据也让许多科学家受益匪浅。

不光如此，我还加入了你最负盛名的顾问委员会，恪尽职守地成了你最信任的人之一。我逐渐意识到，在你最辉煌的年代，全世界没有谁能像你一样点燃这个国家的梦想，无数野心勃勃的年轻人渴望成为科学家、工程师、技术人员，加入这场有史以来最伟大的远征。

所以，在我们共同步入 60 岁、开始绕太阳转动第 61 圈之际，我想让你知道，我与你悲欢与共。我期望看到你重返月球。但请不要止步于那里。

火星在召唤，还有许多更远的目的地。

和我同年的兄弟，虽然我没能一直与你同行，但从现在开始，直到未来，我都是你谦逊的仆人。

尼尔·德格拉斯·泰森

于纽约

目录

第一卷

精神

鼓励人们自己思考，

而不是让别人替你思考，

由此孕育出怀疑主义的

“灵魂”和自由探索的“精神”

第一章

希望

当你意识到结果并不完全可控时，你只能抱有希望。要是没有希望，我们该如何面对生命中的挑战？

昏迷

2007年2月25日，星期日

亲爱的泰森先生：

我一直怀疑这个宇宙想杀死我们，所以你在演讲中提到这一点时，我一点儿也不觉得惊讶。可是希望在哪里呢？或者说，我们还有希望吗？

2001年，我昏迷了13天，然后奇迹般地苏醒过来，回到了我亲爱的丈夫身边。他给我唱了一支情歌，呼唤我回来，于是我睁开眼，向他露出微笑。尽管如此，这段旅程留下的记忆（大部分是不好的）永远地改变了我。你看到的是否主要也是这“不好的”部分？如果答案是肯定的，你怎么还能热爱生活呢？或者说，你并不热爱生活？

衷心祝福！

希拉·范·侯登

亲爱的范·侯登女士：

我觉得希望分为两种。一种是宗教式的，比如说，人们会祈祷，或者举行某种文化仪式，借此祈求事情变得更好。

但还有另一种希望，它需要你尽力了解真实的世界，运用我们的智慧让事情变得更好。在这种情况下，希望是由那个付出努力的人带到这个世界上来的。

所以是的，宇宙的确想杀死我们。不过从另一个方面来说，我们每个人都想活下去。所以我们不妨一起想想办法，让小行星改变方向，寻找治疗下一种致命病毒的良方，削弱飓风、海啸、火山的危害，如此等等。只有受过科学技术教育的公众共同努力，才有可能实现这些目标。

这样的希望真切地存在于地球上，比祈祷或者自省管用得多。

真诚的，

尼尔·德格拉斯·泰森

恐惧

2009年7月5日，星期日

亲爱的泰森先生：

我刚在电视上看到了你，我羡慕你取得的成就。我一直竭尽所能去帮助别人。我38岁，是3个孩子的母亲，也是一名全职学生。我在一个大约拥有1500人口的小镇上出生长大。维持了16年的婚姻破碎后，我决定念完我的应用科学副学士学位，申请华盛顿大学的社会工作学院。

我将于8月1日搬去斯诺霍米什，我还没找到工作，但我每天都在申请职位，什么都投。我有3个孩子要养活，我只想找份工作，然后上学。我立志从事社会工作，以前我做过临时看护，也照顾过老人，但要实现这个志向，我只能先去快餐店干一段时间。

我时时刻刻都在担忧，万一我养不活孩子，那该怎么办。搬家也让我害怕得要死，但我不会因此放弃。即使我每年都得重新申请华盛顿大学的入学资格，哪怕直到70岁，我也不在乎；无论如何，我都会想办法完成学业，拿到硕士学位。我只是不知道该如何摆脱这种深入骨髓的恐惧：我要搬家了，我会摔得鼻青脸肿。

我有动力，也有决心。我只是需要喘一口气，不用出去兜风，只要有份工作就好。我不想白拿任何东西，我只想要一份工作、一个机会，让我拼出自己的未来。

我不知道自己为什么要给你写信。我不想要任何东西，只想找个人说说我心里的恐惧。没有人听我说话，也许你能理解。

谢谢你抽出时间读这封信。

丽莎·卡尔玛

亲爱的丽莎：

生活中的失败者是那些野心和抱负不足以克服所有阻力的人。是的，对我们每个人来说，失败都是平常事。但是，对于那些有抱负的人来说，失败的确是重要的一课，却不会妨碍他们继续朝着目标奋力前进。

不要害怕改变，不要害怕失败，唯一值得害怕的是失去野心和抱负。但只要有足够的野心，你就什么都不用怕。

祝你一路好运，我在自己的回忆录里写过一段开场白，现在我把它送给你：天空不是尽头[①]。

将别人的批评甩在脚下

飞向天空高处

野心的力量就藏在那里

给你地球上和宇宙中所有的祝福，

尼尔

失去宗教信仰

2009年4月29日，星期三

亲爱的泰森博士：

我在北卡罗来纳州偏远山地的牧场里长大，以前我总觉得自己被诅咒了，或者有什么缺陷，因为那种对更高力量的信仰从来没有"击中"过我。我去过教堂和主日学校，身边的宗教氛围也很浓厚……但一部分的我总在不断提出疑问。

我还记得，别人问我信仰的时候，我只能撒谎；我不愿意再想（有时候甚至哭着），如果撒谎的次数够多，最后我会不会真的信了。因为"问

① 尼尔·德格拉斯·泰森，《天空不是尽头：一位城市天体物理学家的冒险》（阿默斯特，纽约：普罗米修斯图书，2004）。

题太多”，我被赶出了主日学校。

不过从那以后，我开始发现，有的人和我一样（只是别人比我聪明得多，受教育程度也好得多）。我只是想谢谢你，你肯定不知道，你的话对我有多大的影响。你（和其他一些人）让穷乡僻壤的孤独无信者看到了希望，让他们有勇气坚守立场，继续提问。我知道，你是科学家，也是老师，但对某些人来说，你是希望。

乔治·亨利·怀特塞兹

亲爱的怀特塞兹先生：

谢谢你分享自己的故事。

无论是过去还是现在，我从来不想以任何方式改变任何人的信仰。我的目标很简单：鼓励人们自己思考，而不是让别人替你思考，由此孕育出怀疑主义的“灵魂”和自由探索的“精神”。

我很高兴能够促成你这方面的成长。

正如我们在宇宙中常说的一句俗话：抬头看，别放弃。

尼尔·德格拉斯·泰森

身为黑人

马克认为，我能取得现在的成就，意味着时代正在朝好的方向变化，但他坚信，无论是过去还是未来，我都会遭遇种族偏见和歧视带来的麻烦。他希望有朝一日，人们不再凭借肤色来判断一个人的身份。2008 年的圣诞节，他问我身为一个非裔美国人科学家，对生活有何感受。

亲爱的马克：

谢谢你的提问。

我很高兴地告诉你，如今很少有人说我是个“黑人”科学家，真的很少，以至于你提到这一点的时候，我感到十分惊讶。当然，如果你身边的种族歧视还很严重，那我再怎么解释也改变不了你的看法，但别的一些指标也有力地证明了我的观点。

不过我们可以看看前些年的情况。比如说，2001 年，我被白宫的一个 12 人委员会选中，这个委员会的任务是研究美国航空航天业的未来；很快就有人（尤其是那些批评乔治 · W. 布什的人）说，“他们需要一个黑人”。但只要好好看看委员会的名单，你就会发现，我是其中唯一的学者，却不是唯一的黑人，另一位是空军的四星上将。经过这样的分析，批评声就不足为虑了。

再换个例子，1996 年，我参加了自家博物馆[①]的一场联欢晚会（当时公众还不太认识我），同桌的一位头脑活跃的女士发现我是博物馆的人，但晚会上博物馆方面的人都是高级管理人员，于是她很快得出结论：我肯定是社区事务部的头儿，或者顶着某个专为黑人设置的点缀性的头衔。我回答说，我是一名天体物理学家，目前担任海登天文馆馆长，也是在建的罗斯地球和太空中心的项目科学家。接下来的整个晚餐期间，那位女士再也没开过口。

① 纽约的美国自然历史博物馆，从 1996 年开始，我就在那里担任海登天文馆的弗雷德里克 · P. 罗斯馆长。

那时候我常常碰到这样的人，但现在几乎已经没有了；只有极少数情况下，一些老人家还有类似的误会，他们的生活经验停留在那个黑白分明的年代，而不是现在的美国。近年来各种着重介绍我的报道都没有提及我的肤色。①

所以时代的趋势并不支持你的观点，或者说，你个人的体验反映的并不是主流的趋势和真相。

谢谢你的鼓励，尽管平权的努力还没到结束的时候，但时代的确变了。

尼尔·德格拉斯·泰森

关于智商

几天后，马克又写了一封信，问我黑人和白人的智商有什么区别。他常常和朋友、家人争论这个问题，希望我能提供一些论据。

亲爱的马克：

这个问题不是“种族和智商”那么简单，更应该深究的是，“智商”本身有何意义。有一本名叫《重访天才：高智商孩子成年后》的书，研究了纽约亨特学院小学几百名毕业生长大后的成就，这所精英公立学校的学生平均智商超过150。

你可能认为，这些孩子长大后必然会获得惊人的成就。但事实并非

① 例如：2007年，《时代》杂志“全世界最具影响力100人”；2008年，《发现》杂志，“科学界最具影响力十大人物”。

如此。这些毕业生里没人获得诺贝尔奖，也没人拿下普利策奖。事实上，没有任何人在自己的领域里取得出类拔萃的成就。不过与此同时，以美国社会的正常评价标准来说，他们都很成功——婚姻幸福、工作稳定、职位达到经理级以上、有自住房，诸如此类。但你肯定会想，那些特别成功的人和普通人到底有什么不一样？从这方面来说，如果智商这个参数真有鼓吹者所说的那么重要，那整个社会的所有变革者和推动者应该都是高智商的人。但数据表明，事情不是这样的。

在高中和大学阶段，智商和学习成绩的确高度相关，但等你找到第一份工作以后，没人会问你大学成绩如何。你的人际交往能力、领导艺术、解决现实问题的能力、诚信、商业敏感度、可靠度、抱负、工作态度、善良、同情心……这些才是更重要的东西。所以对我来说，关于种族和智商的争论毫无实际意义，就像争论“种族和头发颜色”，或者“种族和食物偏好”一样。

我不知道自己的智商是多少，从来没测过。高中毕业的时候，我在全年级 700 个人里排在 350 名左右。所以没有哪个老师（或者同学）觉得我能“做出一番事业”。为什么呢？因为教育体系只看考试成绩。但是现在，我已经连续两年入选“哈佛 100 人”，这份榜单旨在评选哈佛大学在世的毕业生中最具影响力的 100 个人。

祝你和家里人聊天的时候好运。如果他们有什么问题，我很乐意尽力回答。不过显然，有很多重要的事情比智商更值得争论。

尼尔 · 德格拉斯 · 泰森

时速 170 千米

2012 年 5 月 3 日，星期四

最近好吗，小泰？我觉得我可以这样叫你，因为我感觉和你很熟。

我看过你在 YouTube 上的所有视频，每一秒都没错过。我还想去听你演讲，但我的工作需要我经常出差。我名叫贾莱特·伯吉斯，是一名职业棒球手。我写邮件给你是因为，我从 4 岁起就想当宇航员。你启迪了我，给了我坚持梦想的信心。哪怕外人和家里人都想让我打棒球，但我想靠科学发现和突破成名。我不想让棒球定义自己。

我一直在追你的视频——没想到吧，你的影响力竟然这么大，连我这样的人都能看到。是的，我能在外场投出时速 170 千米的棒球，也能在 6.2 秒内跑完 60 码，还能把棒球打到 125 米开外。但哪怕在场上打球的时候，我仍然一心想着科学。我想追求自己的科学梦想。我需要帮助和指导：该如何起步。现在我 21 岁，勇于献身，正直诚信，最重要的是，我拥有惊人的想象力，而且我爱宇宙。

请帮帮我，尼尔，无论用什么方式。感激不尽。

贾莱特·伯吉斯

亲爱的贾莱特：

谢谢你如此诚挚地想和这个宇宙建立联系。对于你描述的困境，社会上有很多人感同身受：我应该做自己最擅长的事吗？做别人希望我做的事，还是应该追求自己的梦想？

我爱棒球（我发过好几十条和棒球有关的推文），所以我很不愿意对你说，用你那条时速 170 千米的胳膊去研究宇宙吧。但我碰巧也爱自己的工作。正因为我热爱自己的工作，所以我每天都会激励自己在工作中精益求精，没有极限。

如果我没记错的话，小联盟的球员赚不到多少钱。所以你在农场系统[1]中花费的时间，主要是为了锤炼技能、等待脱颖而出的机会，而不是积累财富。在我看来，你可以申请一所棒球成绩优异的大学，一边打比赛，一边攻读天体物理学。没记错的话，20 世纪 80 年代初，罗杰·克莱门斯曾在得州大学奥斯汀分校的棒球队里担任投手，他将学校球队送进了全国比赛，自己也进入了大联盟。

与此同时，同样在 20 世纪 80 年代，传奇摇滚组合皇后乐队主吉他手布莱恩·梅在职业生涯中取得了辉煌的成功之后，接下来——接下来——接下来——他决定去读天体物理学博士。几年前，他刚拿到学位。

我敢打赌，那些劝你继续打棒球的人，他们多半觉得你以后肯定会赚很多钱。但这意味着你职业生涯的驱动力是对财富的追求，而不是满足对宇宙的好奇心。以我的个人经验来说，如果吸引你的胡萝卜只有钱，那你可能永远无法找到生命中更深层的幸福之源。

要确定你到底更擅长哪样，学术还是运动，唯一的办法是去大学里攻读物理学或者天体物理学（包括配套的所有数学课）。弄清这一点很有用。如果你更擅长运动，却仍然热爱宇宙，那么你可以回到职业棒球领域打 10 年球，同时利用休赛的冬季攻读硕士学位，赚了一大笔钱以后再去念博士，就像布莱恩·梅一样。

---

① 美国棒球职业大联盟中的每支队伍在小联盟中至少有 6 支附属球队，主要是为了储备、选拔新球员，这些附属球队和他们参与的次级联赛被称为“农场系统”。

如果你丢下职业棒球生涯，去大学里学物理（同时继续打棒球），那你肯定会上头条，尤其是在今天这种忽视科学的文化氛围里。就算没上头条，我绝对会帮你上一回。

无论如何，只要能帮助你维系对宇宙的热爱，无论是以多么微不足道的方式，我都会感到十分欣慰。

祝福你！

尼尔·德格拉斯·泰森

如果我是总统

国会某次特别激烈的争论期间，《纽约时报》“周日评论”版以“如果我是总统……”为题，向几位非政界人士约稿，下面就是我发表的答案未经编辑的版本。

2011年8月21日，星期日

《纽约时报》

“如果我是总统，我会……”这个问题的隐藏含义是，只要罢免某个领导人，换上另一个，美国的一切就会好起来，说得就像我们的所有问题全都是领导人的错一样。

我们之所以会形成猛烈抨击政治家的传统，肯定是出于这个原因。你觉得他们太保守？太自由？太宗教？太无神论？太同性恋？太反同性恋？

太有钱？太蠢？太聪明？太种族主义？太不尊重女性？考虑到我们每两年就会换掉 88% 的国会议员，这种行为真的很奇怪。

第二个正在形成的传统是，在我们这片拥有多元文化的土地上，大家都希望别人在所有问题上的看法和自己完全保持一致。

受过科学教育的人看到的世界和普通人看到的世界完全不同。科学会赋予你一种对所见所闻提出疑问的独特方式。对拥有科学思维的人来说，客观的现实十分重要。不管你相信什么，这个世界的真相独立存在，不因你的意志而转移。

我们的客观现实是，我们的政府之所以不管用，不是政客的问题，而是选民的问题。所以作为一名科学家兼教育家，我的目标不是当上总统，领导一群有问题的选民，而是启迪选民。这样一来，他们或许能从一开始就选出正确的领导人。

尼尔·德格拉斯·泰森

于纽约

第二章

不寻常的主张

你对 UFO（不明飞行物）、神秘生物、占星术和超感知觉感兴趣吗？这正是本章的主题。要探寻自然界不为人知的一面，我们仍应遵循卡尔·萨根的格言：“不寻常的主张需要不寻常的证据。”但我们会一次又一次面临同样的风险：对于某个主题，你的知识足以让你认为自己是对的，却不足以让你发现自己错了。

外星人打电话回家

2009 年 3 月 8 日，星期日

尼尔，如果真有外星人，我们为什么不派人去月亮和火星接收他们的信号，好弄清他们是谁，以及他们为什么要来地球？

梅尔

亲爱的梅尔：

除非有人把一具外星人的尸体拖进公共实验室，或者外星人降落在白宫的草坪上，降落在《纽约时报》大厦楼顶也行，否则谁也没有充分的理由花几万亿美元飞去火星迎接他们，现有的证据不足以支持这么离奇的主张。

尼尔

外星人，外星人

2009 年 11 月 8 日，星期日

亲爱的尼尔：

我一直在耐心等待了不起的科学家们“证明”外星人的存在。我相信一定会有那么一天，虽然它来得很慢。下面我要说的想法可能有些大胆，与其一直寻找和我们相似的东西，为什么不找找那些和我们完全不一样的造物呢？

麦洛迪·兰德

亲爱的麦洛迪：

目前我们所知的生命形式只有一种，但生命可能的存在形式多不胜数，只是我们根本无从揣测它们的模样。所以在经费有限的情况下，要设计一个实验，你只能从已知的东西入手。

我们知道，碳基分子可以形成生命，我们自己就是明证。我们还知道，碳元素在宇宙中广泛存在，而且从化学角度来说，它也是周期表中形成分子种类最多的元素。所以我们从这里开始。

尼尔

目击 UFO

特伦顿·乔丹表示，他越来越相信，UFO 的确存在。这是为什么呢？

在最新公开的航天飞机任务视频中，他发现窗外有无法解释的物体飞掠而过。他知道有人说，那可能是太空垃圾或者其他什么东西，但他越来越怀疑，关于外星人的问题，NASA一定向公众隐瞒了某些不该隐瞒的事情。2008年7月，他写信给我，希望我的回信能打消他的疑虑。

亲爱的乔丹先生：

关于你怀疑有外星人来访这件事：要是你看到一些影子或灯从天空（或者太空）中掠过，而且你不知道那是什么东西，那它们就可以被归类为不明飞行物（UFO），重点是“不明”，也就是“U”。UFO目击事件大体分为四类：

1. 目击者疯了，或者只是在胡思乱想；

2. 目击者的观察和报告不够准确，其实那只是某种正常的自然现象；

3. 目击者的观察和报告是准确的，但他对自然现象不够熟悉，因此误以为那是某种神秘的东西；

4. 目击者的观察和报告是准确的，而且他目击的事件在我们已知的范围内找不到正常的解释，这才是真正的未解之谜。

请注意，就目前的情况而言，要证明某个主张，目击证词算是最弱的一种证据。虽然法庭十分看重目击证词，但在科学的“法庭”上，目击证词几乎毫无用处。很久以前心理学家就已发现，作为记录数据的设备，人类的感官实在不够可靠。请注意，这种现象与身份无关，只要他（或者她）是人，他的观察就存在显而易见的谬误。

还需要注意的是，如果手头的数据不足以支持自己的主张，很多人就会宣称这是“阴谋”或者“伪装”。

人类的思维还有一个广为人知的缺陷，心理学家和哲学家称之为“诉诸无知”。你描述的NASA视频最接近我们刚才描述的第四类事件，因为镜头的确拍摄到了奇怪的现象，我们暂且认为视频内容是可靠的，这个“不明飞行物”的确让人“不明白”。但是，只要你承认了自己“不明白”那到底是什么，你就没法理直气壮地宣称自己知道它的来历。比如说，你不能信誓旦旦地说，那些飞掠而过的影子“肯定是”来自遥远星球、拥有先进技术和智慧的外星人，他们正在偷偷观察地球的居民。已有的证据完全不支持这样的跳跃，无论它看起来多么诱人。

说到诉诸无知，还有一个类似的例子，那就是大爆炸。常常有人问我，大爆炸之前的宇宙里有什么东西，我总是回答，“我们还不知道”。这时候对方通常会说，“绝对是有东西的呀，肯定是上帝”。从“我们还不知道”到“肯定是上帝”，这是另一个诉诸无知的例子。理性的研究容不下这样的断裂和跳跃，但对于那些早就知道自己想要相信什么的人来说，他们的思维里充满了这样的东西。

所以，就算我们最后发现，那些神秘的飞行物真的是有智慧的外星人，可是根据目前的观察数据，我们还是看不出他们存在的迹象。要得出你所说的结论，我们需要在科学的“法庭”上拿出更有力的证据。比如说：外星人拜访多家媒体中心，在国家级电视台上展示他们的技术；参加总统和第一夫人主持的国宴，或者在玫瑰园里喝下午茶；去约翰·霍普金斯医学中心接受CT扫描，让我们有机会了解他们的生理机能；将他们的一部分通信设备或者其他硬件交给地球上最受尊敬的研究实验室。有了这些真正的证据，你就完全不需要在国会听证会上罗列什么“可信度很高”的目击证词。

可是在那之前，第四类 UFO 目击事件仅仅是空中引人遐想的不明灯光和阴影而已——也许和其他科学谜团一样值得进一步研究——但阴谋论者也不必急着用“伪装”的说辞抹平数据的鸿沟，说服自己相信他们本来就想相信的事情。

NASA 是否应该直接资助人们去研究太空飞船外的神秘反光物体？要是我们能装一台雷达，持续不断地监测、拍摄任何接近飞船的物体，无论大小，那该多好啊！但可能出现在飞船窗外的东西实在太多——飘走的工具、脱落的涂料碎片、悬浮的燃料尾气微粒，更别说飞船周围的光线条件堪称瞬息万变。

总而言之，要是你想动用公共资金去研究 UFO，试图证明它们是来访的外星人，那么要说服决策者，你需要比现在强力得多的证据。

谢谢你的提问。

尼尔·德格拉斯·泰森

空中的发光图案

2005 年 3 月，新泽西的戴夫·哈利迪写信来说，20 世纪 70 年代中期，他还是个十几岁的少年，一天晚上，他抬头向北，看见一颗像是星星的东西，向外喷射出一圈橙色的光点。当时他觉得那可能是一颗沐浴在流星雨中的行星。这神秘的一幕在他心中萦绕了 30 年，现在他想问问我，那到底是什么。

亲爱的哈利迪先生：

你问我 20 世纪 70 年代目击的橙色光点到底是什么。

最近，我收到了一位退休工程师的电子邮件，他说前一天晚上 8 点 15 分，他看到一颗明亮的流星划过布鲁克林的夜空。他想问问我，有没有听说别人的目击报告。他的描述听起来挺准确的吧。但事实上，纽约市有 5 个人报告了类似的事件，根据他们的描述，流星出现的时间是 7 点到 7 点半。所以，除非前一天晚上有 2 颗明亮的流星划过天空，否则肯定有人弄错了时间。面对这一事实，工程师告诉我，他的妻子纠正了他的记忆，事实上，他看到流星的时间是 7 点 15 分，而不是 8 点 15 分。请注意，他报告信息的时间是事发后的 24 小时内。不是 10 年后、30 年后，甚至 1 个世纪以后。而且你可能觉得，看时间是最不容易出错的事了，因为我们每天都在看。

之所以说这么多，是因为据我所知，任何宇宙现象都不会创造出你看到的那一幕。我倒是有一个可能最接近真相的猜想，但我得先问问：你的眼睫毛是不是很长？如果睫毛是湿的，这时候你盯着一个明亮的小光源看的话，光在到达你的瞳孔前会穿过睫毛之间的水滴，形成向外辐射的车轮状图案。试试看。在户外游泳池里冒出水面时效果最好。

另一种可能的解释是，你看到了一艘小型飞艇底部的示踪灯。飞艇本身可能被夜色淹没，但它底部的灯（一般用来打广告）可能形成有趣的图案，具体得看程序是怎么编的。淡橙色也是当时的飞艇惯用的灯光颜色。

只靠目击证词，除了这两种解释以外，我也想不出你看到的究竟是什么。

谢谢你分享自己的故事。

真诚的，

尼尔·德格拉斯·泰森

世界末日

2009 年 7 月，15 岁的卡利·乔伊斯忧心忡忡地写信给我，她说有很多人相信，2012 年是世界末日，网上和流行媒体上到处都有这样的消息。虽然她一点儿也不信，但关于诺查丹玛斯[1]的预言和所谓玛雅历末日的神秘传说，她想听听我的看法。

你好，卡利：

关于 2012 年的所有传说都是不懂科学的人利用潜藏在我们每个人内心深处不理性的原始恐惧编造出来的恶作剧。

2012 年不是世界末日，世界不会灭亡。不是因为我这个权威专家这样说，而是因为任何一个具有科学知识的理性人都可以做出判断：这些传说毫无证据，继而坚定地得出结论。

① 米歇尔·德·诺查丹玛斯（1503—1566），法国医生，很多人相信他能预知未来。《百诗集》（1555）的作者，这本书里有 942 段预言诗。约翰·霍格编，《诺查丹玛斯预言完整版》（伦敦：元素图书，1997）。

每年 12 月 21 日，银河中心、太阳和地球都会连成一条线。玛雅人不懂物理，诺查丹玛斯比他们更不懂。此外，诺查丹玛斯从没提过 2012 年是世界末日的事儿。

你才 15 岁，大概不知道，每隔十来年总有人预测，世界末日近在眼前。1973 年就有过这样的传说（一颗彗星），然后是 1982 年（行星排列成线），1991 年（太阳风暴），2000 年（千年虫），现在又是 2012 年。

想长命百岁？不如去担心别的问题，比如说“我吃得好不好”“我有没有得到足够的锻炼”，或者“我系好安全带了吗”。

真诚的，

尼尔·德格拉斯·泰森

时间到了

2009 年 9 月 6 日，星期日

亲爱的泰森博士：

我们在洛杉矶博物馆看到了你的视频剪辑，你解释了太阳和银河系中心连线的事情（它每年都会发生，这让我感觉好多了）。但你能不能解释一下，为什么玛雅历会在那天结束呢……还有中国古籍里的记载和诺查丹玛斯的预言。你觉得这会不会是真的？他们还说，玛雅历比我们现在用的日历更准确。

艾瑞斯·哈勒携子迈克尔·哈勒

亲爱的艾瑞斯和迈克尔：

所谓的“玛雅历末日”实际上是玛雅学者所说的“长纪年历”的终结，这套历法始于公元前3113年8月11日，根据玛雅人的计算，宇宙是在那一天诞生的。按照他们的想象，长纪年历结束的那天就是宇宙末日。

关于宇宙起源的问题，他们的计算差了至少130亿年。那我们有什么理由认为，他们算出来的宇宙末日就是对的呢？

而且谁也没提过2012年这回事。彗星灭世的所有预言和诺查丹玛斯说的都是2000年。当然，这些天启预言都没实现。此外，诺查丹玛斯的作品如此诗意而含糊，不管发生了什么事，你都可以从中找到看起来十分相似的段落，然后宣称诺查丹玛斯拥有洞察未来的神奇力量。

但是，如果你想靠他的书准确预测未来的任何事情，那他模棱两可的四行诗一定会遭遇惨败，不管你怎么试都一样。所以要想影响这个世界，诺查丹玛斯的作品毫无用处。

最后，目前全世界通行的格里历能在大约4.4万年的范围内精确到天，这是其他任何日历无法企及的精度。所以我们现在好得很。

尼尔·德格拉斯·泰森

涂抹火星

2007年1月5日，星期五

泰森博士：

我是你的狂热粉丝，从某种角度来说，你就是我心目中的摇滚巨星。

我很想听你聊聊，你怎么看待反重力、火星塞东尼亚区这一类的事情。有可能的话，我也想去火星上的塞东尼亚区！

还有，我正在读一本琳达·古德曼的书，名叫《12星座人》[1]。我能理解，你代表科学，但这位女士说得也不无道理。虽然绝大部分占星家都是骗子，但我们知道埃及人有多伟大。他们也研究占星术！

谢谢你，泰森博士。

史迪威·德比

亲爱的德比先生：

反重力：拥护者的妄想而已。客气点儿说，拥护反重力的人不懂物理，所以他们才会以为自己发现了自然界的一种新力量。

塞东尼亚区，“火星人脸”所在的位置：它的拥护者太渴望相信，火星上曾有欣欣向荣的智慧文明，所以他们看不到或者拒绝看到反面的证据。

至于古文明的问题，如果为了效仿某些你认为值得赞赏的行为，你不惜回到5000年前，那么不妨想想随之而来的代价。除了研究占星术以外，古埃及人还崇拜猫，认为法老是神，痴迷于修建昂贵而过于宏伟的三角形陵墓。既然都说到这儿了，要不我们再聊聊阿兹特克？那个为了取悦神祇挖出处女仍在搏动心脏的年代。或者那个吃下被征服者的血肉好让自己变强的年代。这还不算完，你想不想在40岁前死于疾病和瘟疫？

和其他很多东西一样，占星术并不是这些文明的徽章，而是他们

① 《12星座人》(1985)是占星学基础理论书籍之一，大众熟知的星座性格特征等描述大多源自此书。

的负累。

现实点儿吧!

尼尔·德格拉斯·泰森

心灵传送

2004年11月6日,星期六

尼尔:

这真的很蠢!!!

新闻头条:“空军申请750万美元用于研究心灵传送”。

詹姆斯·麦加哈*女士,英国皇家天文学会会员、

草原天文台(Grasslands Observatory)台长

嗨,詹姆斯:

美国的年度军费预算有4000亿美元,750万美元还不到这个数的万分之一。考虑到这一点,我们应该问的或许是,这么庞大的预算可不可以拨一点儿给边缘研究?最近我搜集了一些令人尴尬的发言,在交通运输的领域里,什么是可能的,什么是不可能的,这些发言者原本应该有更清楚的认知。下面我摘录了一部分发言:

“人绝对不可能升上天空、飘浮在天上。要想飞起来,你得配备超大的翅膀,而且它们必须以0.9米/秒的速度挥动。只有傻瓜才会觉得这样

的东西有可能实现。”

——约瑟夫·德·拉朗德，

法国科学院数学家，1782

“火车头能跑得比马车快一倍，还有比这更可笑的事儿吗？”

——《评论季刊》，1825

“人类想要登上月球，这就像在北大西洋的风暴里靠蒸汽导航一样荒谬。”

——狄奥尼修斯·拉德纳，1838

“人类别想在 50 年内飞起来。”

——威尔伯·莱特对弟弟奥维尔说，1901

“抵达月球，这个天马行空的想法根本不可能实现，因为我们无法逃脱地球引力的樊笼。”

——芝加哥大学天文学家，

F.R. 莫尔顿博士，1932

当然，归根结底，这些发言谈到的都是技术水平的限制，而不是物理定律本身，但公众（他们才是军方的金主）不懂这二者之间的区别。试想一下这样的场景，一位物理学家站在国会军事委员会面前极力主张，“一分钱都别拨给心灵传送，那根本不可能成功”。但与此同时，他也承认，“不过没错，量子传送是真的”。

大体来说，如今的空军比“冷战”时代节俭。比如说，他们不再将航天飞机（比起无人火箭来，航天飞机的费用高得不合理）作为主要的卫星发射平台，哪怕航天飞机的原始设计已经为了满足他们的需求而做出了改变。这种节俭精神的另一种表现是，如果他们为某项研究付了钱，结果发现这种现象或者机制行不通，那他们就不会上第二次当了。

所以对于这件事，我只能说，要断言心灵传送不可能实现，以求不浪费这750万美元，需要付出社会和政治方面的代价。

尼尔

平行宇宙

20世纪90年代，科琳在某家剧院后台工作时经历了无法解释的现象。她看到了男版的自己，那个人和她穿着一样的衣服，走向同样的方向。他好奇地打量着她，就像她打量他一样。科琳向我保证，她的精神状态十分稳定；2008年11月，她写信给我，只是想问问，她当时看到的会不会是平行宇宙的入口。

亲爱的科琳：

谢谢你分享这段经历。

我不太担心你的精神状态。一些著名科学家在很多人眼里都是疯子。重要的是实验，而不是目击证词。

近年来，科学的研究方法和工具告诉我们，现实独立于我们的感知而存在，尽管某些哲学家并不这样认为。我们之所以知道这一点，是因为，举个例子吧，引力定律就在那里，而且每一次都会起效，无论做实验的是谁、用的是什么测量设备，更不管你信还是不信。

从本质上说，关于现实的其他任何解释都更像是心理层面的，而不是物理层面（比如说，一时大意、恶作剧、欺骗或者仅仅是忽视而已）的。包括鬼魂、幽灵、灵魂，诸如此类，这些东西经不起实验室的检验。在受控的环境下，它们消失得无影无踪。

所以，如果你真的看到了平行宇宙，而不是只存在于想象中的幻影，那么你所看到的东西应该独立于你而存在，可以被你周围的任何人测量。但你没有足够的数据来证明这一点。

如果下次再碰见这种事，请务必做点儿简单的实验。

- 你能和它交流吗？
- 它能被镜子映出来吗？
- 它能留下指印吗？
- 别人能看见它或者跟它互动吗？
- 它有气味吗？
- 它有声音吗？
- 以此类推……

如果这段经历真实存在，而非出于你的想象，那么这些实验有助于搜集独立于你的头脑而存在的证据。

无论如何，下次请带上相机。或许还可以带一张网。

真诚的，

尼尔·德格拉斯·泰森

火星的卫星

2005年6月，汤姆从加拿大写信来问我，18世纪的英国讽刺作家乔纳森·斯威夫特在创作他那本著名的《格列佛游记》时，会不会已经知道火星有两颗卫星，尽管人们在160年后才发现了“火卫”的存在。斯威夫特深入描绘了这两颗卫星绕火星转动的细节。没准他真的看过什么已经失传的古籍或者我们没注意到的资料？

你好汤姆：

谢谢你的提问。

在乔纳森·斯威夫特的年代，人们只知道金星没有卫星，地球有1颗卫星，木星有4颗。

如果斯威夫特打算按照行星的排列顺序猜一猜火星有几颗卫星，那他肯定会首先排除0、1和4，因为这几个数字已经有主了。既然火星轨道介于地球和木星之间，那么等待我们去发现的火星卫星数量只能是2颗或者3颗。最终，斯威夫特选择了2，我觉得大部分人都会这么选。

在那个年代，开普勒的行星运动定律已经广为人知。绕木星运行的卫星和绕太阳运行的行星都符合开普勒定律。所以斯威夫特依样画葫芦，将同样的定律应用到了假想的 2 颗火星卫星上。不过他还得设定一下这 2 颗卫星的轨道半径。有了轨道半径，经过简单的计算，他就能得出对应的公转周期。检查一下他的运算，你会发现斯威夫特的确做了功课，他算得一点儿都没错。

但很多人不会去检查，斯威夫特最开始设定的轨道半径到底对不对。答案是不对。事实上，他错得离谱，这意味着（就像我们怀疑的那样）斯威夫特并不能未卜先知，预测到火星卫星的存在。

如果你想知道，我可以告诉你，离火星较近的福波斯轨道半径约 9334 千米，而不是斯威夫特所说的 19 794 千米（接近火星直径的 3 倍）；外侧的得摩斯轨道半径约 23 496 千米，而不是 32 991 千米（接近火星直径的 5 倍）。

真诚的，

尼尔·德格拉斯·泰森

永动机

2008 年 12 月，肖恩让我看看他设想中的永动机。他坚信热力学定律不像物理学家宣称的那样神圣，要是石油公司发现了他的创意，他们肯定会掐灭他的大发现。所以肖恩希望我能帮他实现这个可能改变世界的发明。

亲爱的肖恩：

美国专利及商标局已经不再接受没有有效实体模型的永动机专利申

请了。为什么？因为永动机违反了久经验证的古老物理定律。

所以，就算你有这方面的设想，也不能指望任何受过科学教育的人正眼看待它。

于是你只剩下一个选择：把它造出来，证明给大家看。如果这台机器真的像你说的那样起效了，那人们打破头也要挤上门来拜访你。

真诚的，

尼尔·德格拉斯·泰森

肖恩的回信有些负气，他说地球是平的、原子不可分割、电力输送只能靠直流电，这些都曾是人人深信不疑的真理。我的回信是不是有点儿太食古不化了？但最后，他还是祝我好运。

亲爱的肖恩：

和很多人一样，你之所以会提出现在的设想，是因为你不够了解科学的起效机制。现代实验科学大致起源于伽利略和弗朗西斯·培根爵士的年代（400 年前），有的科学知识经过验证达成了共识，也有一些科学知识比较前沿。前沿科学每个月都在变化——如果不是每周的话——我们随时都在等候足够好的数据出现，解决目前的争议。经过验证的科学不会变，因为观察和实验的结果始终保持一致。新的想法的确有可能拓展经过验证的知识，这样的事情时有发生，但绝不会完全推翻旧知识。

在你列出的这份短短的清单里，地平说和原子不可分割论出现在现代科学之前。原油点灯和直流电都不是经过验证的科学原理，而是科学技术的具体应用，随时可以改进。但新技术不会违反已确立的物理定律，无论是现在还是未来，它们都只是在已知物理定律范围内的技术革新。

最重要的是，科学发现的历史告诉我们，你的探索方向是错误的，所以你只能独自承担寻找证据的重任。

请不要被我吓退。正如我说过的，你完全可以自己把这台机器造出来。如果成功了，你就亲自证明了一条谁都不知道的物理定律。人们总是乐于看到这种奇迹。而且你也会一夜成名、暴富。

谢谢你祝我“好运”，不过说实话，你更需要这份运气。

真诚的，

尼尔·德格拉斯·泰森

多贡预言

2007年7月30日，星期一

亲爱的泰森：

我名叫菲尔·达布尼，是诺福克公立学校泰勒湖高中的一名老师。今天我在北卡罗来纳州格林斯伯勒的物理学大会上见过你。

谢谢你今天杰出的演讲，我印象最深刻的是，你说教育学生就得“到他们那里去”。这可能就是你的书籍受到各年龄层广泛欢迎的主要原因吧。

由于时间有限，我没能请教你多贡人为何能预言天狼星双星系统的存在，这一预言后来得到了望远镜的观察结果验证。我相信，两位法国人类学家在《苍白的狐狸》一书中详细记录了这件事。

能不能说说，你觉得这个预言是真的吗？

谢谢你听我说话。

所有的祝福，

菲尔·达布尼

亲爱的达布尼先生：

对于你的问题，我很乐意分享我的看法。

如我们所知，作为夜空中最明亮的恒星，天狼星在西非马里的多贡人部落里拥有重要的地位。重视天狼星的文明不止一个，古埃及也是其中之一。对埃及人来说，如果天狼星刚好在日出之前升起（所谓的“偕日升”），这意味着尼罗河泛滥的季节即将到来，洪水将为干旱的河谷带来急需的水。事实上，这标志着埃及历的新年。

如果没有科技的帮助，人类的眼睛不可能看到天狼星的伴星，也就是“天狼星 B”。天狼星 B 的亮度低于人类视网膜感光阈值的下限。更重要的是，这两颗恒星的亮度差距实在太大，所以天狼星 B 完全淹没在天狼星 A 的光芒中，就像萤火虫在阳光下变得黯然失色。此外，这两颗恒星之间的角度差也很小，人类眼球的晶状体根本无法分辨。这些局限由光学原理决定，与个体的生物学特性无关。

天狼星 B 是在 1862 年被发现的。我们可以确认三点：第一，这件事当时得到了广泛的报道，整个欧洲随处可见整版的新闻故事；第二，那时候非洲到处都有来自欧洲的传教士、探险家和殖民者；第三，你所说的那两位法国人类学家在书中记下多贡人的预言，这是天狼星 B 被发现以后的事儿。

以上便是这件事的基本情况。罗格斯大学历史学家兼人类学家艾文·范·瑟蒂玛也提到过多贡预言，他努力试图将天狼星 B 的发现归功于多贡人。比如说，他含糊其词地暗示，非洲黑人皮肤里的黑色素能吸收阳光，这赋予了多贡人强大的感知力。

所以要么是多贡人通过某种迄今仍不为世人所知的神秘途径预先知晓了天狼星 B 的存在，要么就是在那两位法国人造访多贡部落之前，有另一位来自欧洲的访客（比如说某位人类学家）到过那里，看到了天狼星在多贡文化中的独特地位，于是和他们分享了在欧洲传得沸沸扬扬的天狼星 B 被发现的消息，却不曾用文字记录下这段经历。多贡人立即将他们最爱天体的最新信息纳入了自己的文化，然后那两位法国人类学家才来到这个部落，于是多贡人对天狼星的深入了解令他们深感震惊。

此外，如果你了解过多贡文化里的其他元素和自然传说，你会发现，这些信息的精确度都比不上他们对天狼星 B 的描述。和其他文化的创世神话一样，多贡人的故事也充满了浪漫和诗意。

我们的确无法确认，在那两位法国人类学家之前，是否有其他知晓天狼星 B 存在的欧洲人造访过多贡部落，但现有的证据有力地支持了这一设想。除此以外的其他猜测都蕴含着非洲中心论色彩，而且缺乏证据支持。

谢谢你的提问。

祝万事顺遂！

尼尔

大脚

2008年1月，亚历克斯请我谈谈，太平洋西北地区是不是真有浑身长毛的大型人猿四处游荡。

亲爱的亚历克斯：

在人类完整绘制出世界地图之前的年代，欧洲探险家讲述了大量奇花异兽的传说，这些故事往往发生在他们前往非洲和亚洲的旅途中。探险家们尽可能地搜集标本带回去研究，或者放到博物馆里展览。那时候常常有新的大型动物被甄别出来。作为一门学科，自然史就诞生在那个年代。①

等到世界上的所有大陆都被画在地图上并有人定居以后，人们发现新物种的频率就大幅降低了。这意味着所有的大型（陆地）动物可能都被纳入了人类的知识记录体系。时至今日，每年我们发现的陆生新物种通常是小型动物，或者是已有详尽记录的物种稍加变化的形式（亚种之类）。

偶尔也有大型海洋动物被发现，但这完全可以理解，因为我们并不住在海里，也不会一直盯着海床寻找生命。

所以在这个年代，不为人知的大型（陆地）动物存在的可能性近

① 当然，作为一个有趣的话题，自然史可以追溯到更久远的年代。罗马作家、海军司令老普林尼写过一本题为《自然史》（约公元79年）的书，书中收录了古代所有关于自然界的知识。列奥纳多·达·芬奇（1452—1519）本人也是一位敏锐的自然观察者。

乎为零。

尼尔·德格拉斯·泰森

亚历克斯的回信强烈地质疑了我保守的见解。他提醒我，太平洋西北地区有1.2万平方千米人迹罕至的森林；他还进一步指出，我不能简单粗暴地说，那些目击浑身长毛的大型人猿的报告全都是胡说八道的。既然有人看到过，那肯定是什么奇怪的东西。

亲爱的亚历克斯：

我说的是发现、记录大型动物的可能性。没有确切证据（比如说可供实验室研究的尸体或毛发）的目击算不上发现。心理学家和科学家都知道，目击证词是最靠不住的证据形式。因此，它的可信度需要打个大大的折扣，与此同时，研究者一直在耐心等待确切的证据来证明这个不寻常的主张。

请注意，目击事件可能是真的。但没有尸体，也没有其他坚实的证据（人类的主观感知不算证据），对科学家来说，那些声称人猿存在的主张都没有意义。

顺便说一句，“没有意义”和“假的”不是同义词。

除非有人能提供含有DNA（脱氧核糖核酸）的生物组织（哪怕是人猿的粪便也算是个好的开始），否则生物学家根本无法验证这个主张。

如果你觉得太平洋西北地区真有身高2.4米、从未被记载的史前人猿四处游荡，那么你应该组织探险队去寻找，你不用杀死它，只要抓一只回来就行。

与其在没有证据的情况下努力说服人们相信自己的主张，不如把这些精力放在用来寻找有用的证据上。

尼尔

第六感

2007 年 2 月 6 日，星期二

亲爱的泰森博士：

我正在读你的作品《死亡黑洞》。首先我得说，你的写作风格和演讲风格如出一辙——清晰，容易理解，令人愉悦。我十分怀念你在采访直播中爽朗的笑声。其次，谈到第六感的时候，你说，“我们从没见过这样的头条新闻 :《物理学家再次赢得彩票大奖》”。关于这方面，我必须说几句。

我亲眼见过我奶奶展示她的“天赋”。她知道客人什么时候会来，所以她会提前换掉所有床单，额外采买杂货。她知道我爸会不会回家吃饭，然后根据情况摆放餐具。母牛要产崽的时候，她会及时醒来；客人来了，她早就烤好了派。对她来说，这都是一种感觉，不是“心理热线”里的那种，而是一种特殊的感知力，和其他五种感觉一样自然。奶奶来自爱尔兰，她的奶奶也拥有同样的能力。这已经融入了她们的生活。

我的父亲总能准确说出哪个女人怀孕了，这时候往往连她们自己都还不知道（不，她们怀的并不是他的孩子）。也许他能觉察到某些细微的变化，或者费洛蒙之类的东西，反正他总能猜对。

不管怎么说，这样的故事我相信你肯定听过不少。根据我个人的观察，我只相信一点：第六感是一种原始的感觉，它能帮助我们更好地应对生活。

谢谢你的所有努力。

凯瑟琳·费尔韦瑟

你好，凯瑟琳：

谢谢你的故事。你觉得自己的长辈拥有预知未来的能力，我不会否认你的看法。

但所有声称拥有预知能力的案例都没能通过实验室的验证，或者更准确地说，那些号称能够预知未来的人在专门为他们设计的试验中都没能展现出除了碰运气以外的特殊能力。几十年来，《怀疑探索者》杂志上的许多文章不断证明了这件事。

所以，要么是他们的预知力在受控环境中突然消失了，要么是人们总爱记住自己猜中的那几次，忘记了猜错的时候，这也是人类思维最常见的错觉之一。比如说，很多心理学家研究过一种现象：人们常常觉得自己能预知朋友的健康状况。你打了个电话，结果发现这位朋友果然进了医院，或者身体不舒服。

这样的事情一旦发生就会在你的脑子里留下深刻的印象，同时将猜错的记忆排挤出去。就像我说过的，这方面的文章有很多，我就不一一列举了。但科学的实验方法让我们更加了解自己，而不是干坐着凭空想象；正是这种力量推动社会从迷信和烧死女巫（那时候的人们相信某些女人拥有邪恶的力量）的时代走进讲求实证的年代，孕育出工业革命和现代生活。

祝你在探索思维、身体和精神的道路上万事顺遂！

尼尔·德格拉斯·泰森

第三章
思辨

看似突发奇想的念头往往反映出你的一部分自我。

复杂性

2019 年 3 月 8 日，星期五

你好，上师：

最近我看到了一只长脚蜘蛛，这让我想起，很久很久以前，它和我拥有共同的祖先。

如今我们之间的巨大差异来自几十、几百万亿次的 DNA 变异和双螺旋扩张，我的身体由几万亿个细胞组成，每一个细胞里都有大约 30 亿个核苷酸。这 30 亿个核苷酸必须排列成唯一正确的序列，才能让我发育成长为今日的我，让我拥有正常的生理机能，甚至拥有直觉。

区区 3G 的数据怎能完成这样的伟业，我手机的内存都不止这么一点儿大。要我来说的话，这 3G 数据甚至不够指挥大脑的 1000 亿个神经元和几万亿个突触。

宗教界的朋友提供了一个简单的答案，但我没法接受。

祝万事顺遂！

乔希 · S. 韦斯顿

乔希：

简单的“规则”能推演出非常复杂的体系。

比如说，资本主义社会里的人通常很看重钱。以此为基础，添加一些简单的经济学规则，比如说，“低买高卖”，再加上对“供需”的基本理解，你瞧，街角有一家提供 10 种牛奶的杂货店，这些牛奶来自几百千米外的农场，通过供应链的冷藏卡车送到你手里，24 小时 ×7 天 / 周全年无休。

你可以说，宇宙的创造者非常重视你的健康，他一手建立了这个环环相扣的高度复杂的系统，唯一的目的就是确保你每天都能喝到新鲜的牛奶。你也可以说，贪婪才是这一切的原动力。

不过等等，我还没说完……

整个宇宙由区区 92 种元素组成，这事儿你怎么看？

自然界只有 4 种基本力（强力、弱力、电磁力和引力）。

基本粒子也只有 4 类（夸克、电子、中微子和光子）。

电磁波（光）的几乎所有行为都能用 4 个方程来描述，一张便利贴就能写下。

所以你可以为世界的复杂性而惊叹，也可以惊叹一切原来这么简单。

尼尔

螺旋

波莱特 · B. 库珀说自己数学不好。尽管如此，她还是不由自主地注意到，螺旋在宇宙中无所不在，从星系到飓风再到源自螺旋的斐波那契数列①。2006年3月，她写信来问我，从宇宙的层面上看，这些螺旋之间是不是有什么联系。

你好，波莱特：

在我们探索宇宙和其他一切事物的时候，最大的挑战之一是弄清哪些东西只是看起来一样，哪些东西是真的一样。

无论从哪个角度来说，螺旋状的星系和螺旋状的飓风都毫无关系，虽然它们看起来的确很像。此外，螺旋状的星系可能有两条旋臂，但谁也没见过两条旋臂的飓风。

更重要的是，这两种现象背后的机制完全不同。影响飓风形成的因素包括大气压差、海水的加热效应，以及总是将云推向侧面的科氏力，它们共同造就了你看到的螺旋图案。但对于星系来说，唯一影响它的力是引力，它的螺旋图案由新生的恒星组成。

我们再想想其他乍看之下十分相似的东西。19世纪，威廉·赫歇尔第一次看见天空中缓慢移动的光点时，他知道那不是恒星，但望远镜里的光点看起来真的很像恒星，所以赫歇尔称之为“类星”，翻译成拉丁文就变成了“asteroid”——小行星。透过望远镜，恒星和小行星看起来真的很像，但这不妨碍它们实际上是完全无关的两种东西。恒星的尺寸是小行星的几十亿倍，影响恒星运作的自然力也和小行星很不一样。

---

① 斐波那契（约1170—约1250），意大利（比萨）数学家。斐波那契最著名的成果是以他名字命名的数列，数列中的每个数都是前两个数之和。例：1，1，2，3，5，8，13，21，34……

另一个事物看似相同（实则不同）的例子是早期的原子理论，人们曾经以为原子就像一个迷你版的太阳系，原子核像太阳，电子绕着它在“轨道”上运转。早年的教科书上还有这样的示意图。但描绘原子的物理定律和描绘行星轨道的定律毫无关系。不光如此，这个错误的类比还在原子物理学的词汇表里留下了一些极具误导意味的印记。比如说，我们会说电子占据了“轨道”，但实际上，电子的运行路径更像是“云”。

所以，是的，外表有时候会骗人，所以我们最好多问，“这是什么？”而不是问，“这个东西看起来像什么？”

真诚的，

尼尔·德格拉斯·泰森

根

2014 年 2 月，哈佛大学非洲和非裔美国人研究教授小亨利·路易斯·盖茨（绰号“跳跳”）邀请我参加他在 PBS 电视台的系列节目《寻根》。这档节目探寻了许多美国名人的基因传承，他们的目标是“借助最前沿的基因科学，与最优秀的血统联姻，重塑种族的意义”。上过这档节目的名人包括玛莎·斯图尔特、奥普拉·温弗里、麦克·尼科尔斯、塞缪尔·L. 杰克逊、芭芭拉·沃尔特斯和克里斯·洛克。我拒绝了这次邀请。

我正好认识盖茨教授，我们共同服务于一些非营利性委员会，所以我的回信十分坦率。

嗨，跳跳：

谢谢你邀请我参加你的当红节目。很多人喜欢这个节目，我常听人提起它。

不过就我个人而言，我对寻根的态度和很多人不一样。我不在乎这件事，就这么简单。不是被动的不在乎，而是有意识地不去在乎。因为这个世界上任意两个人都拥有共同的祖先，所谓的家族世系其实相当随意，只看你愿意往回追溯多少年而已。

如果我想知道自己作为人类的极限在哪里，我不会去看自己的“亲戚”，而是将目光投向整个人类。这才是我在乎的基因关系。艾萨克·牛顿的天赋，圣女贞德和甘地的勇气，迈克尔·乔丹的体育才能，温斯顿·丘吉尔爵士的演讲技巧，特蕾莎修女的怜悯之心。想了解自己的极限，我参考的是所有人类，因为我是其中的一员。我不在乎自己的祖先是国王还是乞丐、圣人还是罪人、勇者还是懦夫，我的生命由我自己成就。

所以，请容许我恭敬地谢绝你的邀请，但我知道，自亚历克斯·哈利[①]以来，大多数人觉得寻根是一项富有启迪意味的娱乐活动。我尊重他们的看法和行动，所以我一般不会公开说这些话。

祝你的节目继续红火。

最好的祝福！

尼尔

---

① 美国作家，代表作《根》，出版于 1976 年。

公元前 / 公元后

2009 年 4 月，激进的无神论者[①]莱昂内尔表示，被迫使用宗教事件来计算日期，这让他觉得非常挫败和窝火，特别是各种圣诞传统。他希望科学能以现有的知识（例如地球和宇宙的年龄与起源）为基础，建立一套更合理的时间体系。

亲爱的莱昂内尔：

谢谢你在这件事上分享自己的看法并征询我的意见。我们需要考虑以下几点：

1. 要计算地球和宇宙远古时期的事件具体的发生时间，我们通常不会使用任何一种现成的历法，而只是简单地说多久以前。举个例子，谁也不会说地球诞生于公元前 46 亿年，我们只会直接说，它形成于 46 亿年前。地质学和生物学也采用同样的方式来描述时间。

2. 地球不是一夜之间诞生的，这个过程至少持续了 1 亿年。所以想给宇宙日历找一个精确到天的起点，这件事毫无意义，就像以纳秒（十亿分之一秒）为单位庆祝你的诞生一样。你离开产道花费的时间远大于这个量级。所以我们将出生时间的记录精度控制在“分”的量级，这样比较合理。

---

① 无神论者：字面意思，“无 – 神”。我一直不喜欢这个名字，怎么会有这样的词呢？用你否认的东西来定义你。以此类推，有没有“非高尔夫者”？非主厨？非宇航员？

3. 对于有书面历史记录的年代，如今国际上通用的是公历纪年法。在这套历法里，BC 两个缩写字母缀在年代数字之后，意思是“基督诞生前”；AD 则写在年代数字之前，它是拉丁文“Anno Domini”的缩写，意思是“吾主之年”。也有其他的历法——犹太历、伊斯兰历、中国历等等，这些历法的起点都与各自的宗教或文化中的重要事件有关。不过时至今日，这些历法基本退出了日常领域，只在特定仪式中使用。

4. 事情很简单，公历是有史以来最准确、最稳定的历法。受教皇格里高利之命，16 世纪的耶稣会教士出色地完成了历法的计算。他们纠正了失效的儒略历，经过几个世纪的流逝，儒略历中的春分日已经从我们熟悉的 3 月 21 日往前移到了 3 月 10 日。校正后的春分日永远地固定在了 3 月 21 日，前后误差不会超过一个闰日。反观其他历法，尤其是月亮历，为了让历法和地球绕太阳运行的周期保持一致，它们时不时就得插入一整个闰月。

如果你的某项工作完成得非常出色，超越了所有前人，那你就有资格给它命名。当时的无神论者对历法不感兴趣——当然，他们对这方面一直就没什么兴趣——所以他们几乎没有参与新历法的制定，唯一的贡献可能就是引入了 BCE 和 CE 这两个缩写——BCE 是“公元前”（替代 BC），CE 是“公元后”（替代 AD）。

亨德尔的《弥赛亚》是有史以来最伟大的赞美诗之一，巴赫的《B 小调弥撒》也不遑多让。但要是没有耶稣带来的灵感，这些作品根本就不会存在。宗教色彩并未（至少不应该）损害这些音乐名作的美丽和辉煌。

此外，作为一位无神论者，你肯定会用“假日”和“再见”这两个词，但它们的词源分别是“圣日”和“上帝与你同在”。

和生活中的其他事情一样，有些东西真的不必过于计较。

所以请容我建议，你不妨采用CE和BCE这两个缩写，然后放下这件事？把你的精力投入真正的战场——保护科学教室的“神圣性”，对抗那些不断试图用宗教思想影响科学课程的原教旨主义信徒。

真诚的，

尼尔·德格拉斯·泰森

伊拉克的天空

2007年3月5日，星期一

亲爱的尼尔：

我叫德里克·菲利普斯，是一名陆军一等兵。现在我驻扎在伊拉克的巴拉德。我让我老婆给我寄了一本你的新书，从两天前收到书以后，我就放不下它了。这会儿我正在执行常规的警卫任务。站在同样的位置盯着往来的骡车看了12个小时以后，我终于有机会坐下来，翻开你的大作——《死亡黑洞》。我相信，肯定有很多人出于各种理由喜欢它，就像人们以各种方式阅读它一样。我想你可能会喜欢我从这本书中获取乐趣的独特方式。

我的驻地在巴格达北面，离巴格达大约有一个小时的路程。你在书中提到过这座城市。这里有一些当地人很了解自己的国家在科学探索历程中的光辉过往，我时常听他们讲一些我不知道的事情；在驻地的临时后院里，我就是这样做的。这些从你的作品中衍生出来的谈话让我觉得自己像是个全副武装的游客，而不是入侵的占领军。

我想，正是这样的书让人抬起头眺望星星，思考刚刚读过的内容。打开夜视眼镜以后，我发现夜空的迷人程度超过了我以往的任何想象。你的读者里有多少人能在工作了一整天以后，靠国防科技产品来轻松片刻呢？呃，我想应该有几个吧。

不管怎么说，你的书启迪我开始思考，让我的脑子不再是两只耳朵之间的摆设！我必须感谢你，你帮助我打发掉了驻扎于此的一年里一部分无聊的时光。

我对这方面的话题很感兴趣，但我没受过多少教育。我正在对宇宙展开独立的研究，我想把这些知识传授给我的孩子。他们似乎也有这方面的兴趣。只需要花点儿小钱买一台望远镜，我们就能共度许多高质量的亲子时间。

总之，我就是想写信给你，感谢你对我军旅生涯的贡献。

真诚的，

一等兵德里克·菲利普斯

亲爱的一等兵德里克·菲利普斯：

谢谢你对我新书的暖心评价，能帮助你打发驻扎伊拉克期间的闲暇时间，我感到十分荣幸。

至于你的夜视眼镜，很多人不会想到，天体物理学和军事其实关系匪浅。现在我正在写的一本书着重介绍了二者之间千丝万缕的联系。①

① 尼尔·德格拉斯·泰森和阿维斯·朗，《战争同谋：天体物理学和军事的秘密联盟》（纽约：W.W. 诺顿，2018）。

是的，巴格达在科学史上的确占据着重要地位，尤其是数学，确切地说，是代数。此外，下次你仰望夜空的时候（就像你在信中写的那样），请不要忘记，得益于一千年前领航技术的巨大进步，在所有有名字的恒星里，三分之二的恒星是用阿拉伯语命名的。

身为人类，我们最值得骄傲的是，对宇宙真理的探索能够超越文化、政治、宗教和时间，由此积累的知识和智慧构成了文明。

给你地球上和宇宙中所有的祝福！

尼尔·德格拉斯·泰森

看见星星

“大都会日记”是《纽约时报》的一个栏目，每周刊登一次，它搜集了读者在城市生活中的独特故事。例如我在1993年分享的这个故事。

1993年12月15日，星期三

《纽约时报》

亲爱的“大都会日记”：

最近，我在哥伦比亚大学天文系的办公室里接到了一个电话，一位带有浓重布鲁克林口音的老太太说，昨天傍晚她看见一个很亮的东西“悬停”在窗外，她想问问那是什么。我知道，金星正好很亮，而且正好在黄昏时分出现在西边的天空中，但我还是多问了几个问题，来验证自己的猜想。

老太太回答说，“它的位置比马蒂熟食店的屋顶高一点儿”，诸如此类。最后我得出结论，老太太看到的那个东西的亮度、方位、高度和出现的时间的确与金星一致。考虑到这位女士可能大半辈子都生活在布鲁克林，我问她为什么现在才打电话；明亮的金星出现在西边的地平线上，这样的场景她应该见过几百次才对。结果老太太回答，“我以前从没注意过它”！

你肯定能理解，天文学家听到这样的话有多惊讶，于是我忍不住追问了几句。我问她在这间公寓里住了多久。“三十年。”我又问，以前她有没有看过窗外。“以前我总把窗帘拉得严严实实的，但现在我很少拉上窗帘。”接下来，我自然是问她现在为什么不拉窗帘了。“以前我的窗外矗立着一栋很大的公寓楼，后来他们把它拆掉了。现在我可以看到天空了，它真美。”

尼尔·德格拉斯·泰森

于曼哈顿

天上戴钻石的露西

2009 年 6 月 10 日，星期三

我叫乔吉特·伯勒尔，今年 7 岁。我看了你介绍冥王星为什么是矮行星的那期节目，真酷。我听说有一颗名叫露西的行星（或者恒星），它是一颗大钻石。我想问，既然露西离我们那么远，科学家怎么知道它是钻石做的呢？

谢谢，

乔吉特

问得好，乔吉特：

很多死去的恒星由碳组成（它们是白矮星）。纯碳在高压环境下会变成钻石。这些恒星的引力很强，所以恒星里的碳承受着很大的压力。利用数学工具，我们可以算出来，那颗恒星的确有可能是一大块钻石。

尼尔

有话直说

2008 年 7 月 22 日，星期二

亲爱的泰森先生：

我是美国编剧工会的会员，最近正在写一个关于星际旅行的剧本。我在电视上看过你的很多专题节目，我很欣赏你坦率的发言。其中最触动我的是，有人问你在太空中遭遇意外会发生什么，你直接回答，“会死”！正是这句话让我决定向你求助。

我正在写的这个剧本里有一位宇航员被派往伊阿珀托斯（土星的第三大卫星），调查来自这颗星球表面的神秘外星信号。我想把这一段写得尽可能真实准确。下面我列出了几个问题，你能不能告诉我，这种长途星际旅行有哪些不可避免的风险，包括飞船内和飞船外的？

真诚的，

安德烈·安森

1. 去伊阿珀托斯需要多长时间？

亲爱的安德烈：

谢谢你的问题。去伊阿珀托斯需要多久？多久都行。消耗能量最少的弹道轨道差不多需要十年。但如果不考虑燃料，你可以在旅途中的绝大部分时间拼命加速，然后再消耗燃料减速——顺便制造点儿人工重力，这样只需要一两年时间。

2. 在我的剧本里，我安排了一架新的航天飞机给太空站运送燃料补给。它们具体应该怎样飞往伊阿珀托斯？比如说利用弹弓效应？

在地球轨道上，你已经拥有了去往太阳系任何地方所需的一半能量。换句话说，完全离开地球所需的能量有一半消耗在从地面到地球轨道的旅途中。引力弹弓效应适用于那些燃料不够飞往目的地的飞船。这种方式比弹道轨道更耗时，为了获得助推的重力，飞船需要先飞向选定的行星和卫星，最后总的飞行里程可能是其他方案的两倍。

3. 我该怎么设定飞船的速度呢？以现在的技术水平而言，62 764 千米 / 时的速度合适吗？

什么速度都可以。速度越快，加减速消耗的燃料越多，就这么简单。地球的逃逸速度是 39 600 千米 / 时，这个速度足够让你在 10 年内飞到伊阿珀托斯。

4. 他们该怎么回来呢?

返程需要的燃料比去程还多。你必须想办法在土星重新加注燃料。土星大气里倒是有能用来制造燃料的分子,包括水,但要把水里的氢原子和氧原子分开,你需要一家工厂。然后你可以让这两种元素在火箭发动机里重新结合,生成火箭燃料。或者他们可以从外星人的补给站里弄点儿燃料。

5. 从物理学的角度来说,如果我们的英雄汤姆被困在太空中 20 年左右,他会怎么样?

不会怎么样。除非他的食物不够吃。

6. 最后一个问题,如果想把飞船弄坏,再也修不好,我该怎么做?

试想一下:你可以利用土星大气进行空气制动(参考 1984 年的电影《2010 太空漫游》),但飞船的船壳烧出了一个洞,灼热的空气涌入发动机关键位置,彻底破坏了节流控制器和燃料箱。首先,你有燃料;其次,你有火箭发动机。但你就是没法控制燃料的流量,然后飞船打着旋儿往下掉,所有燃料都漏光了。

7. 我想的情节是,某颗小行星溅落的碎屑和飞船擦肩而过,破坏了飞船的某些功能。要不我就直说了吧,有没有什么办法能让飞船搁浅?

我知道，在 62 764 千米 / 时的速度下，很多东西可以直接摧毁飞船，但我不想那样做。

不可能。小行星比较罕见，而且它们之间的距离很远。或者更确切地说，宇宙太大了，虽然小行星的绝对数量很多，但它们分布得十分稀疏。你可以让这艘飞船绕土星进行弹弓机动飞往木星，但却意外闯入了被木星吸引的特洛伊小行星群[①]。然后飞船被撞，无法修复，可能燃料也漏掉了。接下来飞船需要利用土星大气制动，因为剩下的燃料不够完成减速。这样设计就能保证我们的主角汤姆既不会飞出太阳系，也不会死在绕土星的轨道上。

日安！

尼尔·德格拉斯·泰森

史上最糟

2009 年 7 月 8 日，星期三

亲爱的泰森先生：

我只想知道：你觉得哪部电影最不科学？为了降低难度，我们可以排除掉《2001：太空漫游》之前的所有电影，所以你不必考虑艾德·伍德的作品。你觉得《世界末日》如何？那部电影的科学性和艺术性都很

① 特洛伊小行星是与木星共用轨道，一起绕太阳运行的一大群小行星。

糟糕。

不管怎么说，希望你有时间回信给我。我知道你很忙，但不幸的是，我的好奇心真的很强。谢谢你的时间。请在自由的世界里继续摇滚前行。

克里斯·博斯特维克

亲爱的克里斯：

迪士尼1979年的电影《黑洞》。这部电影堪称史上最糟——要知道，关于黑洞的科学资料相当丰富——直到1998年，《世界末日》横空出世，它违反的物理定律比有史以来任何一部电影都多，几乎每分钟都有漏洞。

尼尔

关于病毒的错误

2019年1月8日，星期二

亲爱的泰森博士：

我们很愿意先介绍一下自己——萨姆尤卡和我是纽约大学的两名医学生，更重要的是，我们是狂热的博物馆爱好者，经常拜访美国自然历史博物馆。我们这次写信是想告诉你，博物馆的展板有一个小小的错误。介绍鼻病毒的时候，你们的展板上写着“鼻病毒是引发普通感冒的主要原因之一。它们由被蛋白质包裹的DNA组成”。但实际上鼻病毒的主要成分是RNA（核糖核酸），而不是展板上说的DNA。

我们知道，这个问题看起来可能微不足道，我们也不想表现得这么挑剔，但某种病毒到底是由DNA还是由RNA组成，这实际上是区分病毒种类和类型的最基本的参数之一。它影响着病毒的传播方式、复制方式、稳定性、物理特性及其他核心特性。因此，我们认为应该写信告诉你这件事。

真诚的，

萨姆尤卡·古塔和阿尼克·帕特尔

亲爱的萨姆尤卡和阿尼克：

人人都知道，鼻病毒携带的是RNA而不是DNA，不过显然，我们这些撰写、检查展板说明的人却不知道，自博物馆开业以来（那已经是247个月以前的事了）看过展板的几千万人也不知道。

我甚至检查了手里的原始文档，想弄清是不是誊写的时候出了错。如果真是那样的话，我们就可以责怪展板的制作方，而不是自己。不过，唉，出错的是我们的文档。

所以，20年前我们把那块展板摆出来的时候，你们二位在哪里呀？要是那时候你们在这儿就好了！

谢谢你们锐利的目光。

我们会更正那段说明文字。

尼尔

萨姆尤卡和阿尼克回信说……

非常感谢。20年前我们只有2岁左右，但那时候你真该联系一下我们！

碎裂不难

致美国自然历史博物馆所有同事的公开信。

2006年5月4日，星期四下午

亲爱的博物馆同仁们：

你们可能知道，围绕太阳旋转的天体很多，彗星更是“不计其数”，可能多达几万亿颗。但公众大多只听说过单靠裸眼都能看见的特别亮的几颗彗星，当然，还有那些可能撞上什么东西的家伙。

不同于行星的近圆轨道，大部分彗星的椭圆形轨道都很扁，它们在内太阳系里进进出出，经常穿过其他天体的轨道。彗星的主要成分是冰，所以在它靠近太阳的过程中，它的外层会被太阳的热量蒸发，创造出一大团亮闪闪的气体，也就是“彗发”。这些气体还会在行星际空间中形成长长的条带，那便是我们看到的“彗尾”。

我们很了解彗星的成分，却不了解它们的硬度。太阳系彗星的结构完整性差别很大，有的彗星相当坚固，有的彗星一碰就碎。

最近，施瓦斯曼－瓦赫曼3号彗星正在进入裸眼可见的范围，10天内，它就会运行到离地球1127万千米的距离以内，相当于地月距离的3倍。可能是因为背负了太大的压力，这次它的彗核开始破碎，变成几十个更小的冰块，每一块冰都拥有自己的迷你彗发和彗尾。现在，领头的彗星碎片和它的尾巴在天空中铺成了比满月还要宽五六倍的大片光带。哈勃太空望远镜曾拍下了这张壮丽的彗星照片。

城市的光污染会破坏天体的可见度。但如果你住在乡下，不管有没有望远镜，你应该都能轻而易举地找到夜空中的施瓦斯曼－瓦赫曼3号彗星。下周，它会穿过邻近的天琴星座。如果你面朝南方，那么在日出之前的几个小时里，它们应该都高悬在空中。

虽然世界末日的流言在网上四处流传，人们疯狂地转发警告邮件，但实际上，这颗彗星不会对地球居民造成任何伤害。

还是那句话，抬头看，别放弃。

尼尔·德格拉斯·泰森

第二卷

宇宙

寻找无关立场的宇宙真理

第四章

仇恨

我收到的信大约有三分之一来自粉丝。偶尔也会有反面的东西出现在我的收件箱里。

道歉

2012年6月18日，星期一

亲爱的尼尔·德格拉斯·泰森博士：

我写这封信是想郑重向你道歉。12年前，10岁的我给你寄了一幅恶心又可怕的画，还说你是个“便便大脑袋”，因为你把冥王星开除出了行星的行列。[①] 请接受我诚挚的歉意，因为我特别喜欢你的作品，我很后悔自己对你说过那么恶毒又伤人的话！

真诚的，

迈克尔·C. 胡图

亲爱的迈克尔：

我不太记得你说的那封信，我的文件柜里有很多类似的信件。但不

① 虽然开除冥王星真不是我干的，但我的确参与了这件事。这让我成了全国小学生的公敌。

管怎么说，我很愿意接受你的歉意，因为我知道，当时你只是诚实地抒发了自己的感受。

真诚的，

尼尔

一个请求

2006年秋，佛罗里达州普莱泰申市彼得小学的一名三年级学生给我写了一封信。

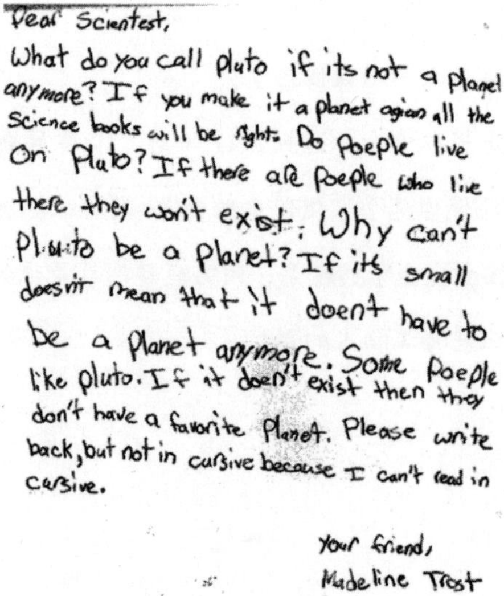

Dear Scientest,

What do you call pluto if its not a planet anymore? If you make it a planet agian all the Science books will be right. Do poeple live On Pluto? If there are poeple who live there they won't exist. Why can't Pluto be a planet? If its small doesnt mean that it doent have to be a planet anymore. Some poeple like pluto. If it doesn't exist then they don't have a favorite planet. Please write back, but not in cursive because I can't read in cursive.

Your friend,
Madeline Trost

亲爱的科学家：

如果冥王星不是行星，那你说它能是什么？如果你们重新把冥王星划为行星，那所有的科学书籍都不用修改了。冥王星上有人吗？如果有的话，他们就会变得不存在了。冥王星为什么不能是行星？就算它的个头比较小，也不代表它就没资格做行星啊。冥王星也有人喜欢的。如果它不存在了，这些人就失去了最爱的行星。请回信给我，但不要写草书，因为我看不懂草书。

你的朋友，

玛德琳·特罗斯特

这封信被送到海登天文馆我的办公室时，我正忙着处理几百封类似的信，所以当时我没有回复。但要是我写了回信的话，我会这样说。

亲爱的玛德琳：

如果冥王星上有人居住，我向你保证，哪怕冥王星被降格成了矮行星，他们也会继续存在。所以不必担心他们的生命安全。还有，如果有人觉得冥王星是他最爱的行星，现在他可以继续把它当成最爱的矮行星。这方面他们不会有任何损失。不过关于教科书的问题，你说得对，这些书都得改。对买书的人来说，这真是个坏消息。但对出版商来说却是好事，他们可以把同一本书再卖给你一遍。

下面是我的草书签名，我写的是“尼尔·D. 泰森”。试着认一认吧。

你的朋友，

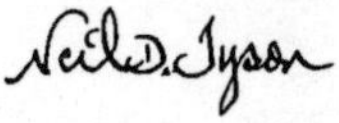

月亮爱好者

2007年1月6日，星期六

泰森博士：

今天早上我听了你的广播，关于火星和月球的价值，你说的还是那些老掉牙的陈词滥调。听到你无情地贬低月亮，我感到格外失望。作为一位天体物理学家，你应该比绝大多数人更加了解，如果能在月球的暗面部署望远镜，那将是我们研究宇宙最有力的工具，比其他任何东西都强得多，包括哈勃望远镜在内。要是能把设备部署到月球表面，我们就不必花大价钱往地球轨道上发射东西了。

月球是人类在演化中完成下一次飞跃的坚固基石。它能帮助我们成为真正的太空物种，让我们从全新的、更好的角度了解自己，了解人类共同的使命。泰森博士，每当我仰望天空，看到那轮触手可及的明亮满月，我绝不会认为它只是挂在天上的一大坨死气沉沉的废物。仰望月亮的时候，我总会畅想，到了2050年，或者2075年，月球表面将铺满闪烁的灯火——确凿无误地证明，那里有一个全新的社会正在崛起，它将改变地球上的人类。

祝万事顺遂！

亚瑟·皮科洛

你好，皮科洛先生：

谢谢你直抒胸臆。请允许我介绍一下科学界已经达成广泛共识的几件事。

1. 月球上没有大气，也不曾有过流动的水，而且月球内部既不存在任何有水的可能性（比如说蓄水层之类的东西），也没有我们所知的——或者能想象的——任何生命。考虑到月球是通过撞击形成的，毫无疑问，月球的确比火星更死气沉沉。

2. 月球的科学价值主要体现在地质学领域，而不是化学、生物学或者天体物理学，火星则兼具所有领域的研究价值。

3. 最近我参加了一个研讨会，主题是“重返月球的天体物理学意义”。通过深入的讨论，我们认为，考虑到高昂的费用，从天体物理学的角度来说，重返月球的意义微乎其微。你可以上谷歌搜一下这个主题。排在第一位的议题就是在月球背面（顺便说一句，并不存在什么永恒的“月亮暗面”）部署射电望远镜。另一些有趣的项目也获得了人们的关注。不过总体来说，我们之所以会发起这些探索项目，只是因为我们有这个能力，而不是因为我们觉得它特别重要。天体物理学最需要的可能是完全基于太空的设备，与月球表面的活动无关。

4. 证明火星上存在液态水，这件事其实没有那么重要。重要的是这个结论背后的证据，这足以推动我们展开进一步的调查。如果这些证据是真的，那将大幅提升火星上存在已知生命的可能性。

我尊重你对月亮的热爱，但这份热爱既不能改变月球的科研价值，也不会改变它在各学科研究者心目中的地位。

再次感谢你的热爱。

尼尔·德格拉斯·泰森

我们在科学方面糟糕透顶

2012 年 7 月 5 日，星期四

致 AMNH[①] 主邮箱

昨天是独立日，尼尔·德格拉斯·泰森在推特上的如下发言让我很不愉快：“7 月 4 日这天，美国人在欢庆祖国的伟大，但欧洲人让我们知道，我们在科学方面糟糕透顶。”

泰森为美国和世界科学做出了杰出的贡献，甚至可以说，他是科学的代言人。他的这句话可能只是玩笑，但全美国的科学家都遭到了嘲弄和羞辱。考虑到他的代言人身份，更何况他还服务于博物馆这样的公共机构，他的发言真是格外令人失望。虽然泰森这番侮辱性的言论是用私人账号发表的，但他没资格代表美国自然历史博物馆（他的简历里是这么写的）。

谢谢你抽出时间答复我的疑虑。

杰夫·普罗文

亲爱的普罗文先生：

感谢你的关心。对于你提出的问题，我有几句话要说。我写私人信件的时候往往十分坦率，希望这封信能安抚你失望的心情，而不是火上浇油。

---

① 美国自然历史博物馆（纽约）的英文缩写。

1. 无论以什么标准来衡量，在所有工业化国家中，美国的科学、技术、工程和数学（STEM[①]）水平都属于垫底的 10%。如果某个科学发现不符合自己的政治或宗教理念，越来越多（近 50%）的国民会选择否认这个新发现。因此，暗示我以某种方式贬低了美国的科学水平，这是完全错误的。

2. 如果你经常读我的文章，那你应该知道，早在 20 世纪 80 年代，我们就已开始修建超导大型对撞机。这台机器的设计功率是瑞士那台大型强子对撞机的 3 倍，但如今所有的物理学头条新闻都来自后者。20 世纪 90 年代初，我们的国会彻底砍掉了对撞机项目，美国的粒子物理学失去了一项重器。所以我们才成了国际头条的旁观者，而不是领袖。这一切都证明我所言非虚。

3. 你在信中暗示，我发的推文可能会以某种方式损害科学、科学教育甚至美国自然历史博物馆自身。从某种程度上来说，这意味着你认为其他人看到那条推文时也会和你一样感觉不舒服。这方面的数据我倒是有。针对任意一条推文，我们都可以顺藤摸瓜，查出它的所有回复、反响和转发，诸如此类的数据。12 个小时内，那条推文被转发了近 12 000 次。过去 3 年里我发了 2700 条推文，其中最热门的推文转发次数也只有这条的三分之一。所以，它的确激起了（而且还将继续激起）人们的强烈共鸣，这和你的顾虑正好相反。

4. 我并不是说你的担忧不是出于对国家的热爱，只是你的感受不具有代表性。所以我面临的选择其实是这样的：要么为了满足一小部分人

---

① 科学、技术、工程学和数学的英文缩写。

而改变自己的言行，要么继续保持现在的风格，满足大部分人，并吸引越来越多的人了解科学。

5. 当然，最受欢迎的不一定（或者说一定不）是对的。重要的原则问题绝不会因拥护者的多寡而动摇。但我坚定地认为，现在我们讨论的问题没有违反任何原则。如果我说错了，或者可能误导大众，又或者是诽谤，那么我愿意改口、弥补、道歉或更正，但如果我说的话（或者发的推文）只是揭露了一个亟须关注和改变的事实，那我坚持自己的看法。

真诚的，

尼尔·德格拉斯·泰森

我不付钱！

2008 年 5 月 16 日，星期五

写给 RNASA[①] 的电子邮件

我讨厌尼尔·德格拉斯·泰森博士在获奖致辞中说的每一句话。我喜欢他，也喜欢看他在科学频道的节目里出镜，但我不喜欢他为太空项目筹资的方式。

① 扶轮社国家太空成就奖，每年会在得克萨斯州休斯敦举办正装颁奖舞会。休斯敦是美国载人航天项目的心脏所在。写这封信的人没有参加颁奖礼，但他在网上看了我的获奖致辞。

如果太空探索真的那么伟大、那么有利可图，为什么非要拿枪指着我要我为它掏钱（交税）？为什么太空项目非得靠政府拨钱资助，就不能把这方面的所有发明创新都卖掉，换钱来养活项目吗？

他说飞往土星的卡西尼任务费用相当于美国人用来买润唇膏的钱……呃……你们强迫我替你们蹩脚的宇宙飞船掏钱，恐怕我宁可选择润唇膏。让打心底里愿意为太空旅行掏钱的人放弃他们的润唇膏吧，别指望我掏钱！然后那些愿意付钱的人或许能受惠于NASA提供的免费高科技。

拿枪指着人们的脑袋，逼他们掏钱给政府资助太空探索，能干出这种事的国家值得我们去捍卫吗？这样的恶行只会让民众唾弃国家，因为它和自由背道而驰。

我是说，要是有足够多的人认为，应该从你兜里偷点儿税金，去资助一个教所有美国人学西班牙语的项目，只因为他们摆出了一大堆理由来说明，既会说西班牙语又会说英语对我们大家都好，你会怎么想？你不会喜欢这个主意，对吧？这就是我对太空探索的看法！

我喜欢太空探索，没准它真是件好事，只要别逼我为它掏钱。

亚当·德克迈特

亲爱的德克迈特先生：

首先，谢谢你花时间看我4月在休斯敦获得RNASA太空沟通者奖时的致辞，也谢谢你热情分享自己对政府资助太空探索的看法。

你说美国的太空项目逼迫不感兴趣的美国人（比如说你自己）以税金的方式掏钱。你对太空项目的批评并非特例。国家科学基金会、国立卫生研究院、疾病控制与预防中心，流向这些部门的拨款都有人批评。从这个角度来说，国家公园管理局、史密森学会、国家艺术基金会和公立学校系统全都是公共项目。除此以外，还有军队（毕竟我们已经不卖战争公债了）和执法机构。我们也别忘了环境保护局、退伍军人福利、州际公路系统和机场基础设施。

如果我们交税的时候能在表格上勾选自己愿意把钱花在哪儿，那该多有意思啊。实际上国会每年做预算的时候就是这么干的，只不过他们是替自己心中设想的民众做出选择，而不是某个具体的人。假设这套系统并不遵循少数服从多数的民主原则，而且你没有勾选 NASA，接下来会发生什么？和你意见不同的同胞会不会跑到你的家里，搬走所有与太空项目有关的东西？

那会是一场很有趣的真人秀：

- 家用电器的集成电路没了。
- 有线电视的天气频道没了。
- 追踪风暴、飓风和龙卷风形成过程的卫星云图没了（不管来自哪个频道）。
- 你车里的 GPS（全球定位系统）没了（是时候重新买一张纸质地图了，如果你能找到有谁还在卖地图的话）。
- 你车库里所有装电池的工具都没了。
- 你可能还会因为乳腺癌失去几个你在乎的人，因为她们不能使用早期探测癌细胞效果最好的空间成像算法。
- 你车（或者你不久后可能会买的车）里的碰撞预警系统没了。

- 关于小行星阿波菲斯的信息没了。目前它正冲向地球，并将于 2036 年 4 月 13 日和我们擦肩而过。
- 你家电视上从欧洲到世界其他地区所有的卫星新闻全都没了。
- 你不再知道金星（失控的温室效应让这颗星球升温到了 480℃）和火星（这颗星球曾经拥有流动的水，现在却成了一片不毛之地）遇到过什么糟糕的事情，正是这些事提起了国际社会对温室效应的警觉。
- 你乘坐的飞机不再拥有高气动效率的机翼（还记得吗，NASA 缩写里的第一个 A 代表“航空”）。
- 你看不到谷歌地图了。

从更哲学的层面上说……

你不再知道我们在宇宙中的地位——这是全人类唯一跨越文化、宗教和时代的追求。要知道，我们对自身地位的认知来自哈勃太空望远镜，来自火星漫游车，来自其他离开地球踏上探索之旅的无数飞船，无论是载人的还是无人的。

那些支持太空探索的人可以获得这些东西。但你不行。这一切只是因为你不愿意在每年的税单上多打一个钩，把 1 块钱税金里的 0.6 分钱拨给 NASA。是的，太空探索只花了这么多钱，而你还想把它砍掉。

对你来说，宇宙值多少钱？

真诚的，

尼尔·德格拉斯·泰森

拿基督徒去喂狮子？

2005年12月，虔诚的基督徒罗伯特在信中专门提到了达尔文的演化论和其他科学发现，总体来说，它们时时处处都和《圣经》冲突。罗伯特坚信，宗教人士是科学家的大敌，如果科学家掌权，没准会把宗教人士全都拿去喂狮子。我觉得他的话半开玩笑半认真。我写了一封很长的回信，依次回答了他提到的每一个点。

亲爱的罗伯特：

“生物学的一切都没有道理，除非放在演化的光芒之下。”[①] 如今这个时代，生物科技公司和其他研究人类与其他物种未来的企业蓬勃发展。要是你说，“我不相信演化论，我认为人类是专门被创造出来的”，那你必须承担相应的后果：别人会降低对你职业能力的评价。

如果你不想当科学家，那可能无所谓。很多职业和科学家没关系。但正如我所说，新兴经济体将由科学和技术驱动，生物科技是这一浪潮的前沿与核心。如果你坚持说世上有亚当和夏娃，那你恐怕进不了这扇大门。

事情很简单，在那些需要生物学、化学、物理学、地质学和天体物理学知识才能做出发现的行业，你的工作机会会变少。你当然可以找其他工作，不过更重要的是：从目前的趋势来看，健康科学领域可能是未来的经济增长点，但你没法从这场盛宴中分一杯羹。

① 这句名言出自乌克兰裔美国遗传学家费奥多西·多布然斯基（1900—1975），他恰巧也是一位虔诚的东正教基督徒。

据皮尤研究中心的调查显示，这个国家（美国）有 50% 的人相信亚当和夏娃是上帝创造出来的最早的人类，而 90% 的人相信，有一个人格化的上帝聆听信徒的祷告，在这样的环境下，你倒是不必担心被大众看轻。

有一点你说得没错：我提倡宽容和多样性，尤其是在文化、语言、传统等方面。但你希望我能以同样的宽容对待那些对《圣经》的每一个字都深信不疑的基督徒？无论从哪个层面上说，任何主张都要经得起验证——不管这些主张是谁提出的——这无关宽容，而是客观真理。

比如说，《圣经》从没说过地球是一个三维物体，反而一直说大地是平的。所以在 15 世纪前，根据经文绘制的所有世界地图都是平的。我们可以从文化史的角度欣赏地平说，但从客观上说，它是错的。π 的值也是这样。除非 π 值完全等于 3.0，《圣经》的一个段落（《列王记上》第 7 章）才有可能成立。但我们知道（古巴比伦人也知道根据他们的计算，π 是一个介于 3 和 4 之间的数），事实并非如此。《圣经》说 π=3，这并不意味着 π 就真的等于 3。从客观上说，这句话是错的，与立场无关。事实上，写《圣经》的人说 π=3，地球是一个平的盘子，这些描述有历史价值，值得我们在历史课、哲学课或宗教课上研究，但在科学领域，这样的说法却没有容身之地，因为科学的目标是寻找无关立场的宇宙真理。

我和我认识的所有人都没想过要拿基督徒去喂狮子，我们只是不想让宗教进入科学教室。顺便说一句，科学家从来不会敲开主日学校的门，指导牧师该教什么，也不会在教堂外巡逻，或者枪杀进入教堂的人。科学家不会诘问正在布道的牧师，我们没有这样的传统。我再多说一句，在西方世界的所有科学家里，近半数的人拥有宗教信仰，他们会向人格化的神祈祷。

你还“指控”我信教，说我信仰的是科学和人道主义的宗教。其实我是个不可知论者[①]。我猜你对“宗教”这个词的理解和我不太一样，请允许我先定义一下，因为我讨厌为语义学争吵。我更愿意讨论理念。

下面的定义出自《韦氏词典》：宗教（名词）：

> 对一种超乎人类之上的控制力的信仰和崇拜，尤其是人格化的上帝或神。

基于这个定义，如果你觉得我信教，那我认为你可能不太理解科学到底是什么，也不知道科学的运作机制，不明白它为什么有用。但科学的定义其实非常清晰，因为它完全是一种研究自然的经验主义方法，而不是什么虚无缥缈的东西。

你宣称我们谁都无法证明自己的宗教信仰。但我可以知道（而且的确知道）地球的形状，知道月球、恒星和宇宙，知道化学元素的起源、地球和宇宙的年龄、化石记录的灭绝时期、小行星撞击对地球的影响、地球上所有生物共同的遗传特性、黑猩猩与人类的遗传相似性，以及其他不计其数的关于这个世界的客观真理。所以你的判断是错的，而且暴露了你并不了解科学发现的进程和特性。出现这种情况通常不是你本人的错，而应该归咎于教育你的人，他们没有花费足够的时间训练你学会

① 不可知论者：这个术语是由19世纪的自然学家托马斯·亨利·赫胥黎杜撰出来的，用来描述一个宣称自己没有信仰、不相信上帝的人。今天，这个词指代的是那些认为上帝可能存在，但保持怀疑态度的人。

如何思考，而不是思考什么。

说到教育，我认为公立学校应该开设宗教课。毫无疑问，宗教在文明中扮演着重要的角色。宗教课应该全面介绍世界上所有基于信念的哲学和信仰系统，这很符合我小时候对多样性的兴趣。从历史的角度来说，我认为学校之所以没有开设这类课程，是因为不同的宗教总是互不相容。于是孩子们接触宗教的途径只剩下星期六或者星期天的家庭活动。现在回头去看，这样的方式可能更好。

你说我是个骗子，于是我被迫查了一下这个词。结果如下：

> 骗子（名词），为了获得财物或其他个人利益蓄意误导或欺骗的人。

我认为这个词不适用于眼下的情况。我觉得我的态度开放、坦率而诚实。你认为这是对基督教的人身攻击，但事实上，美国不懂科学的人真的很多，我只是做了一点客观的观察而已。

再次感谢你的热忱。我是真心的，希望我为这封回信花费的时间能证明这一点。

尼尔·德格拉斯·泰森

第五章

真相

有的人不喜欢科学家，有的人认为科学是一种邪恶的社会政治力量，有的人觉得科学的价值是被一群自鸣得意的研究者吹捧起来的，有的人只是想追寻真相。本章囊括了以上各方面的意见。

念中学的怀疑主义者

2007 年 4 月 1 日，星期日

亲爱的泰森博士：

我是一名中学生，我碰巧看了一段视频，里面介绍了一些质疑全球变暖的科学家。

我主要想问问你：人类引发全球变暖，这是真的吗？这件事值得进一步探索吗？

非常感谢你的时间，

雷·巴特拉

亲爱的雷：

对于新的研究成果，科学家的意见总有分歧。最重要的是同行评审、公开发表的数据以及这些数据透露的研究趋势。你提到的那段视频我很熟悉。它采访了半打左右反对“人类行为导致全球变暖”这个说法的科学家和其他一些非科学界人士，例如政客。

从原则上来说，这些反面意见也不能算错。但由于全球变暖在政治和经济方面的影响力，很容易有人掏钱去采访反方科学家，制作这样的视频。我读过其中一位科学家的作品。他的确是一位气候学家，但他研究的领域却不是气候变化。他那些反对气候变化说的文章主要是报纸专栏和其他未经同行评审的出版物。

再看看 NASA 学者詹姆斯·汉森宣传气候变化说的文章，在这个问题上，汉森更专业。考虑到支持气候变化说的其他科学家——不仅仅是气候研究者——已经发表了大量经过同行评审的论文，我们没有什么理由继续怀疑。你的确可以找到几位反对者，但他们没有数据，或者只有精心挑选过的数据。

科学家也是人，他们也有人类的弱点、偏见和感性。所以在科学领域，最硬的通货依然是数据反映的趋势，而不是科学家本人热情洋溢的发言。

真诚的，

尼尔·德格拉斯·泰森

弊大于利？

2009 年 3 月 19 日，星期四

泰森先生：

对这颗星球上的生命来说，对科学知识的追求是否弊大于利？

我想澄清一点：我无意攻击你，更不是反对追求科学。我支持科学，也相信今天的科学带给我们的帮助大于损害。

我真正想问的是，作为人类，我们以追求科学之名进行的各种活动是不是有可能最终对地球造成致命的伤害？黑火药、燃煤提供的能量、内燃机、核武器，这些都是科学对地球生命做出的“贡献”。

我相信，从某种意义上来说，自人类离开稀树草原、开始发展科技以来，我们之所以能摆脱自己天然的生态位幸存下来，这些发明的确功不可没。

但是，既然你是一位深谋远虑的智者，而不仅仅是个科学家，我想问问，你有没有考虑过这个问题：如果这些东西从来就不曾存在过，地球会不会变得更好？不仅仅是我们人类，而是所有生命？

无论如何，谢谢你在现代世界里为传播科学所做的杰出贡献。以前我们可能走过弯路，但现在我们的确需要科学！

最好的祝福，

达坎·阿贝

亲爱的阿贝先生：

谢谢你的来信。

我认为科学的利远远大于弊。但真正重要的是，科学本身无所谓好坏。科学只是介绍自然世界运作机制的基础知识，拥有正邪色彩的其实是科学的工程学应用。考虑到任何一个国家都不曾选过科学家或者工程师来做领袖，所以分配资金的权力实际上掌握在政客手里，他们才能决定得到资助的到底是正义的研究还是邪恶的研究。所以，我们或许可以用“政治”这个词替换掉你问题里的“科学”。

改造自然不是人类独有的技能。海狸会严重破坏自己生活的环境。为它们辩解的人说“海狸的水坝为各种各样的野生动物提供了栖息地”。但事实上，它们的水坝彻底改变了当地生态。蝗虫和蝉也会导致栖息地的生态系统失衡。不过谁才是破坏之王？40亿年前，蓝细菌制造出的氧气改变了地球大气的成分，杀死了生活在地表的所有厌氧菌，这是有史以来地球生命遭遇的最严重的生态浩劫。

目前，人类导致的全球气候变化并非不可阻止。而且，解决方案有赖于科学和技术，并由开明的领袖付诸实践。反观过去，这个问题最初也是由科学和技术引发的，并通过短视的领袖变成现实。但这样的循环并不新鲜。

我们解决了全球的食物短缺问题[①]，对19世纪的人来说，这个问题的可怕程度不亚于今天的全球暖化之于我们。20世纪70年代，我们发现了环境污染问题并确认了它的严重性，时至今日，美国的污染治理取得了长足的进展。我们成立了环境保护局来统筹解决这个问题，现在，美国的河流、陆地和空气比工业革命之后的任何时候都更干净。

很多人担心，运用科学来种植庄稼、养殖牲畜可能损害食物的营养或风味。这样的事情的确发生过。所以今天，我们（包括美国，但主要是欧洲）掀起了声势浩大的有机农业运动，号召人们支持本地产品，这样的努力也取得了一些成果。

因此，对于这个问题，我比你更有信心，只要能得到政治和文化方

---

① 当然，每年仍有上百万人饿死，其中大部分是儿童。但这应该归咎于糟糕的政治和阻塞的分销渠道，而不是全世界的食物不够吃。

面的支持，科学有能力解决它自己无意中带来的问题。

我还相信，如果没有科学的进步，今天的我应该是某人的奴隶，全世界有一半的人活不过5岁。不光如此，活下来的人里有70%只能在农场里做苦工，生产出来的食物很难喂饱日益增长的人口。

但无论如何，我还是要感谢你的问题、你的热情，还有你对我工作的好心评价。

真诚的，

尼尔·德格拉斯·泰森

演化论与神创论

2008年8月3日，星期日

亲爱的德格拉斯·泰森博士：

学校里到底应该教演化论还是神创论，关于这个问题的争执我见过很多次。如果我没看错的话，你相信演化论（我也是），但这是否意味着你不相信“上帝”或者更高的力量？

我对自己的信仰感到十分困惑。我从小在天主教环境中长大（中学时我上的是方济会女子高中，后来又念了耶稣会的马凯特大学），但我深深怀疑更高的力量是否真的存在。在这个宏大的宇宙里，我们只是渺小的尘埃……事实上，连尘埃都算不上。所以我很好奇，你对此有何感受。希望我的问题没有越界。如果有所冒犯，我真诚致歉。如果没有的话，我期待你的回答。

谢谢你，德格拉斯·泰森博士。

真诚的，

杰基·斯瓦布

亲爱的斯瓦布女士：

谢谢你坦率地分享自己对更高力量的看法。

我想说几点。

演化论不是你是否“相信”的问题。科学遵从证据。如果某个理论有确凿的证据支持，那无论你是否相信（或者用宗教人士的话来说，无论你是否信仰），它都是对的。换句话来说，已被证实的科学不是信仰的集合，而是有可信证据支持的一系列理念。

你不会问我是否相信日出、是否相信天是蓝的，或者是否相信地球有一颗卫星。这些都是客观世界毋庸置疑的真理，面对这些事情，“相信”这个词根本没有容身之地。基于自然选择的演化论也是现代生物学领域毋庸置疑的原则。或者说，在生物学家心目中，它是毋庸置疑的。但在宗教原教旨主义者眼里，生物演化违背了基于信仰的宗教体系，他们觉得《圣经》才是对客观世界绝对正确的理解。

所以他们才会说——我随便举个例子——地球的年龄不超过 10 000 年，或者历史上真的发生过淹没全球的大洪水。这些事都无凭无据，而且恰恰相反，所有证据都指向反面的意见。所以对于这些明显已被证伪的故事，你只能“相信”它。

再次谢谢你的热情和问题，

尼尔·德格拉斯·泰森

古兰经

2009 年 6 月 3 日，星期三，一位名叫塔米德·拉希姆的穆斯林礼貌地问我，你拍过那么多科学纪录片、写过那么多书、做过那么多演讲，为什么却从没提到过《古兰经》里的科学？他表示，《古兰经》的很多段落描述了现代天体物理学的各种发现，从相对论到膨胀的宇宙。考虑到《古兰经》是在 1400 年前由穆罕默德所著，如果这些描述都是真的，那真是太了不起了。

你好，塔米德·拉希姆：

谢谢你的来信。

神的先知面临的一大挑战是，从古至今，谁也不曾根据宗教教义成功预测过未知的事物或现象。经常发生的情况是，虔诚的人看到科学家对自然世界的新发现，然后回过头在教义中找到暗示这些已知事件的段落。但这些抽象的信息都是后见之明，无助于科学的进步。如果你真的相信《古兰经》有先见之明，而且绝对正确，那你需要做的是在经书的段落中找出有激励科研作用的对自然世界的预测。如果真有这样的预测被证明了（顺便说一下，这将是有史以来的第一次），科学家肯定会天天在《古兰经》里寻宝。

但是，这样的事情从没发生过——无论哪种宗教教义都没有过——所以科学教室里没有经书的位置。偶尔倒是有虔诚的宗教人士觉得科学和他们的教义冲突，于是他们会捍卫自己的理念，声称错的肯定是科学。

你不妨从《古兰经》里找几个对未知现象的预测，我很乐意提供意见。否则的话，科学和宗教没有太多共同语言。

真诚的，

尼尔·德格拉斯·泰森

上帝存在的证据

从 2008 年开始，安德鲁·麦克利莫尔和我多次通信，他痴迷于借助科学这件工具窥探上帝在宇宙中的杰作。不过他想知道，什么样的证据才能说服无神论者，让他们相信，上帝很有可能真的存在。

亲爱的安德鲁：

我常常思考，什么样的证据才能证明上帝的存在。你觉得这个怎么样：排除了收入差异和获得医疗救助的难易程度差异以外，所有虔诚的信徒都比无神论者活得久？或者飞机坠毁时，只有虔信者才能活下来？又或者耶稣遵循人们的预言如期而来？（过去两千年来，基督徒预言过几百次上帝的再次降临，但没有哪次实现了。）

或者人们祈祷和平，于是全世界所有战争都永远停止了？或者得到好报的只有好人，遭遇恶报的全是恶人？又或者让黎巴嫩在所有人齐聚教堂的万圣节遭遇地震，结果罹难的只有没去教堂的人，而不是像 1755 年那个厄运的清晨一样，成千上万的人在教堂里死于非命。

如果真的发生了这样的事情，人们会开始从科学的角度严肃讨论上帝是否存在，以及他如何区别对待崇拜者和无信者。

真诚的，

尼尔·德格拉斯·泰森

证据在哪里？

2008年6月，罗杰强烈抨击了那些有悖于《圣经》的与演化论和宇宙年龄有关的科学发现。他甚至斥责我是个傲慢自大的骗子。如果只看这方面的内容，我们的通信或许应该收入本书“仇恨信”那一章，但除了骂人，他还完全否认了现代科学的诸多重大发现，所以我才把他的信放到了“反科学”这章。

罗杰：

除了有史可查的记录以外，你信不过其他所有测定年代的方法。无论你否认这一切的底气来自哪里，这位“幕后主使”肯定不打算启迪你的智慧。

现在已经有不同的研究组使用不同的方法、基于不同的原理进行了多次调查，结果表明：

- 陨石的年龄是45.5亿年，误差正负1000万年。
- 月球岩石的年龄是45.5亿年，误差正负1000万年。
- 太阳的年龄是45亿年，误差正负1亿年。

• 地球上的岩石会通过火山爆发的途径不断循环，目前最古老的地壳年龄是 40 亿年，误差正负 1000 万年。

碳 -14 同位素定年法只适用于距今不超过几万年的物品，它主要用于测定曾经是活体的材料样本，所以人们常常使用这种方法来测定石器时期洞穴人工制品的年代。但周期表中还有其他很多元素，它们的同位素可以用来测定几百万、几千万、几亿甚至几十亿年的时间跨度。

物体成形后，你可以测量它蕴含的放射性同位素有多少衰变成了其他元素，也就是所谓的“子元素”。子元素占比越高的样本越古老，就这么简单。有的元素衰变的速度比其他元素慢得多，所以科学家可以借助它们测定年代更古老的物品。

太阳的年龄是用它的质量和它消耗能量的速度算出来的，这两个值都很容易测量。前提是你得知道，太阳的能量来自将氢转化为氦的热核聚变。

这些结论都没有任何争议，我们早就把目光投向了其他问题。如果有人觉得这些结论不可靠，那往往是因为他们觉得，这违背了某些早已存在的对宇宙的描述。

你还想知道，如果人类真是从猿类演化而来的，那现在的猿类为什么不再继续演化了。演化由自然选择驱动，它就发生在我们身边，每时每刻，从不停歇。繁殖周期短的物种演化趋势最明显，我们可以在比较短（相对于人类的生命长度而言）的时间内观察到不同的特性如何被选择、确认。细菌是生命之树上一根特别繁茂的枝丫，细菌家族的规模比脊椎动物庞大得多。我们经常发现新的细菌或病毒，其中最广为人知的包括猪流感、艾滋病、军团病等。这些原本在自然界中不存在的病原体都是由它们的祖先变异产生的新物种，变异拓展了它们能感染的宿主范围。

并非所有物种都会一直演化。比如说，腔棘鱼是一种非常成功的底栖鱼类，在过去的 3.6 亿年里，它几乎没有变过。马蹄蟹停止演化的时间比腔棘鱼更长，足足有 4.5 亿年。成功的物种没有动力去改变自己。与此同时，过去 6500 万年来，哺乳动物经历了脱胎换骨的变化。我说的“脱胎换骨”主要是外表的变化，而不是生物学层面。从生物学层面来说，我们人类和其他所有哺乳动物（甚至包括老鼠在内）的 DNA 相似度高达 90% 以上。

哺乳动物的生命之树上有一枝名叫“灵长目”的分叉，狐猴、猴子和大猩猩都是这个家族的成员，人类也是其中之一。很多人以为人类是从猴子演化而来的，但事实并非如此。我们和猴子的确拥有共同的祖先，但与人类亲缘关系最近的猿类是黑猩猩。换句话来说，黑猩猩和人类拥有一个年代相对较近的共同祖先。

你想得没错，从遗传学的角度来说，我们和黑猩猩的关系的确比世界上其他任何动物都更近。你坚定地宣称人类和黑猩猩毫无相似之处，但事实上，这两个物种的每一块肌肉和骨头都完全相同。黑猩猩和人类甚至拥有相同的面部表情。但最重要的是，我们的 DNA 相似度非常高。事实上，如果说我们和黑猩猩是遗传学意义上的近亲，那非洲的旧世界“猴子”只能算我们“两兄弟”的远亲。

我之所以强调这些，是因为你写给我的两封电子邮件没有提出任何问题，只是摘录了一些信息，并且你认为这些信息的来源绝对可信。但是，正如我已经说过的，提供这些信息的“幕后主使”肯定不打算启迪你的智慧，也不想增加你的科学知识。

真诚的，

尼尔·德格拉斯·泰森

第六章

哲学

有时候你就是想问点儿高深的问题。

杀害外星人

2007年2月，迈克尔·里亚尔问我，如果杀掉一位可能比人类智力更高的太空来客，会不会带来法律或道德方面的问题。或者说，这种行为是否有可能正义化？

你好，里亚尔先生：

我无意充当道德专家，但对于你的问题，我很愿意提供自己的看法。是的，从道德上来说，这肯定是错的，除非我们快要饿死了，没有别的食物来源，这位外星人的肉又正好能被我们的肠胃消化。

我认为，除非是为了增加你自己或者你亲近的人活命的机会，不然的话，从道德上来说，伤害他“人”肯定是错的，无论对方智力高低。我无法想象，难道会有人认为这是正义的？虽然太空来客的民事权利不受任何国家的宪法保护，但越来越多的太空法文献正在讨论杀害外星人的问题。

另外，“可能正义化”和“可能符合道德”不是一回事。

毫无疑问，我们很难杀死比自己聪明的物种。举个例子，假如他们和我们之间的智力差异相当于我们和黑猩猩的差异，那他们肯定不会害怕我们，就像我们不怕森林里的猴子起义。

我们也很难隐藏自己的身份，考虑到我们发出的无线电波已经扩散到了 70 光年以外，而且还在继续扩散。

谢谢你的提问。

真诚的，

尼尔·德格拉斯·泰森

真理还是意义？

2005 年 9 月 20 日，星期二

泰森博士：

我是一名高中科学老师（主要讲授天文学和物理学），也是你的狂热粉丝。

目前，我正在攻读伊利诺伊大学芝加哥分校的教育心理学博士学位。这个学期我参加了一场现场辩论，主题是科学在研究中扮演的角色。简而言之，我们辩论的核心问题是，“科学追寻的到底是真理还是理解 / 意义？”我非常希望能听听您的看法。

祝万事顺遂，天空澄净。

凯文·墨菲

亲爱的墨菲先生：

谢谢你的来信。

我一直不太喜欢从哲学的角度来讨论 20（和 21）世纪的物理学，因为我发现，这方面的讨论主要着眼于言辞的使用和咬文嚼字，并不看重具体的理念，对科学的进步也毫无裨益。但在科学的领域里，理念比语言重要。

所以我拒绝参加这样的口舌之争。我宁可谈一谈科学能做什么，在此基础之上，如果你想多说几句，那悉听尊便。对于这些多余的话，我们能达成共识固然很好，就算有所分歧，也丝毫无损于我表达的理念。

话说回来，科学既可以追寻真理，也可以追求理解和意义，这三者并不矛盾，但科学的首要目标是有效地了解宇宙的运作机制，借助这些知识，对宇宙过去和未来的行为做出可验证的预测。有时候我们可以用计算机模拟程序代替实际的宇宙，去验证科学做出的预测。

如果能够准确预测大自然的行为，那我们就觉得手头的工作已经圆满完成，可以转向下一个问题。我可以说，现代物理学的主要公式反映了宇宙的真理和宇宙运作的主要机制，包括量子理论、相对论、演化论、热力学理论等。这些真理让我们得以理解万事万物的行为和各种各样的现象。

“意义”这个词很少应用于私人领域以外的地方。人们在讨论科学、科学方法和科学工具的时候通常不会说它们有什么“意义”。但我们可以想象一种新的思考方式：利用科学来解决社会、政治和文化方面的问题。举个例子，如果你认为人类的生命是神圣的，那么毫无疑问，挽救和保存生命就应该成为我们决策时考虑的首要问题。如果假期和家庭生活能增加生命的意义，你就该利用科学的方法和工具做出决策，尽量扩大这些有利因素在生命中的占比。但是眼下，这类事务的决定权握在政客、宗教领袖和律师手里，他们总爱做徒劳无功的口头交锋。

祝你的研究好运。再次谢谢你的赞扬和垂询。

尼尔·德格拉斯·泰森

怎么回事?

2005年3月16日，星期三

泰森博士：

昨晚，我和两位同事有幸聆听了你的讲座。作为一个信仰宗教的科学家，多年来我对科学与宗教的共性一直很感兴趣。

我完全同意你的结论：从本质上来说，利用宗教来解释前沿科学是一种短视的行为。过去几年来，我读过一些书，它们共同的看法是，科学的目标是解释“怎么回事”，而宗教的目标是解释“为什么”，我们应该把这二者区分开来。无论是科学还是宗教，如果企图跨界去追逐对方的主要目标，结果往往是吃力不讨好。

一点哲思：我个人觉得（十分遗憾），科学之所以越来越趋向于宗教，是因为它正在变成一种宗教。有的人坚信科学可以解释所有事情(例如“唯科学主义”)，他们丝毫没有察觉，自己正在创造一门新的宗教。从政治的角度来说，世俗主义的基本理念与此十分相似。

托马斯·E.唐斯

亲爱的唐斯先生：

“怎么回事”和“为什么”的区别固然符合新兴哲学的理念，却不够清晰。下面几个问题都是纯粹的“为什么”，宗教却无力回答，只能报之以万能的金句，“因为上帝让它这样”：

- 为什么天是蓝的？
- 为什么月亮朝向地球的总是同一面？
- 为什么金星和月亮一样有周期性的相变？
- 为什么太阳有斑点？
- 为什么北半球的飓风总是逆时针旋转？
- 6 月的阳光比 8 月的更直射地球，但为什么 8 月却比 6 月更热？

再考虑到据我所知，任何基于宗教的哲学书籍都没有明确回答过“为什么”的问题，准确地说，没有明确给出过人人信服的答案。不过既然信仰是私人的理念，那本来也不可能有公认的答案。

活跃的科学家不会执着于宣称科学能解释所有事情。举个例子，我们谁也不会说，科学能解释爱、恨、美、英勇或懦弱。但随着科学的进步，这些概念可能真的会进入实验科学的领域，就像过去那么多抽象的概念一样。这不是你描述的那种绝对的信仰，而是基于科学方法和工具曾经的表现而做出的合理判断。

通常语境下，信仰应该是一种不需实验证据也能维持的信任。所以，你说科学正在变成一种基于绝对信仰的宗教，这完全不符合科学从业者的实际表现。根据我的经验，人们之所以会提出这个说法，往往是因为听到有人贬损“信仰”这个词，于是他们也拿这个词来攻击科学，试图借此消除科学在宗教面前的理念优势。

托马斯·D.唐斯回信说……

最后，请不要误会——我自己也是一名科学家，我明白“活跃的科学家不会执着于宣称科学能解释所有事情”。但是，当科学成为一种攻击宗教的武器时，公众（主要出于无知）的确认为科学真能解释一切。

你我都很清楚，大部分科学家并没有和宗教作对的意思，但的确有一些人一心抵制宗教，并且十分享受由此引发的波澜。

最后，我得简单澄清一下。太空在上，以下内容摘自《韦氏词典》。

- 为什么：出于什么原因、理由或目的。
- 怎么回事：以什么方式或方法；达到什么程度。

我继续回信……

要想建立一套哲学体系，词典上对两个近义词的定义恐怕不足为凭。追根溯源，现代的哲学思辨往往是言辞之争，而不是理念之别。

按照你列出的定义，“为什么天是蓝的”，这个问题追问的正是原因。我们的确可以将这句话重新组织一下，将疑问词换成“怎么回事”，但整个句子就会显得很别扭，不像是日常生活里能说出来的话：“太阳射出的白光穿过大气层就变成了蓝的，这是怎么回事？”

反过来说，你可以问："我为什么在这里？"这个问题既简单又常见。但我觉得这句话稍加改动就能变成一个"怎么回事"的问题："无生命的物质变成了有生命的物质，这是怎么回事？有生命的物质演化成智人，这是怎么回事？智人孕育出了此时此地的我，这是怎么回事？"

我认为科学和宗教的本质区别不在于"为什么"还是"怎么回事"，用什么疑问词不重要，重要的是问题本身。如果我们用一本书来收录这个世界上所有能用科学解答的问题，那么这本书的厚度每过 15 年就会增加一个数量级（基于所有学科通过了同行评审的论文数量增长率）。

有没有一本书能为所有问题提供心灵方面的答案？（当然，千万年来，宗教一直致力于此。）如果真的存在这样一本书，它该有多厚？它的厚度会不断增加吗？它和其他探查人类心灵的著作（例如莎士比亚全集）有何区别？

因此，虽然我不会说，现在的科学能回答所有问题，但这个趋势相当明显，尤其是和宗教相比。要知道，自宗教诞生以来，大部分的时间里，它一直试图用神圣的力量回答所有问题，但事实上，这些现象背后都有自然的解释，例如疾病、飓风、行星轨道，诸如此类。别忘了，直到今天，很多保险合同仍会用"天灾"（"上帝的行为"）来形容自然灾害。

我还注意到，对宗教的猛烈抨击主要来自无神论者，而不是科学家（当然，这两种人群也有重叠，但最激进的无神论者往往不是科学家）。另外，我也读过一些介绍现代文化的书籍和文章，据我所知，宗教对科学的攻击远远多于科学对宗教的攻击，这和你说的情况恰好相反。就在最近，佐治亚一所学校的董事会还试图在生物学教科书上贴一张免责声明。但你肯定没听说过有哪位科学家想在教堂的《圣经》里贴什么免责声明。

我认识的最激进的反宗教科学家是物理学家史蒂文·温伯格。相比之下，支持宗教的科学家/作家数不胜数，保罗·戴维斯、罗伯特·贾斯特罗、约翰·波金霍恩等等。

最后，请容我提醒你，著名的斯科普斯“猴子”案[①]里，败诉的是那位科学老师。

尼尔·德格拉斯·泰森

为什么？

约 2009 年

通过 脸书

我能问你两个小问题吗？

1. 你是山姆·库克的粉丝吗？

2. 我们为什么会出现在这里，关于这个问题，你最诚实的回答是什么？

詹森·哈里斯

亲爱的詹森：

1. 与当代其他抒情歌手相比，我对山姆·库克并无特殊的喜爱。

① 1925 年 7 月，高中代课老师约翰·托马斯·斯科普斯因为在课堂上讲授了演化论而被提起公诉。

2. 我不会认真去想这个问题，这个问题暗示我们的生命背负着外力赋予的使命。我倒是常常觉得，我们的使命不是来自外界，而是源于内心。我的使命是减少他人的苦难，拓展我们对宇宙的理解，以及启迪我在生命道路上遇到的其他人。

尼尔

阴阳

约 2009 年

通过 脸书

尼尔：

我在这个世界和这个宇宙中学到、观察到的一切似乎都可以用阴阳来解释。从生物、物理，到意识形态，再到一任又一任总统，万事万物都在生生不息地循环。但据我所知，根据天体物理学的主流意见，宇宙末日应该符合熵增定律：一切变得越来越无序，直至万物归于混沌。在我看来，违反阴阳理论的例子只有这一个。

我知道，目前我们还没有看到任何违反熵增定律的事情。但阴阳理论似乎能楔入熵增定律的框架。你认可我的看法吗？有没有哪种宇宙理论能融合这两套世界观？对此你有什么看法？

瑞德 · 泰斯

亲爱的瑞德：

阴阳理论不能预测任何事情，除非你违反它的原则，断言某件事会在什么时间、什么地点回归循环的原点。另外，我所理解的阴阳并不是说一切都在循环，而是一种平衡——看似相反的形式、主题、理念此消彼长，靠内在的张力达成良性的制衡。

此外，很多东西并没有循环回到原点，以后也不会。国家认可的奴隶制度已经不复存在。在战争、文化、政治等领域，众多国王失去了他们曾经拥有的权力。

火星曾是一片拥有流水的绿洲，今天却成了干涸的荒漠。目前没有证据表明它有可能恢复昔日的繁荣。金星也一样，失控的温室效应让这颗行星的表面温度上升到了 480℃。

我们现在活得比以往任何时候都久。这应该归功于技术进步，类似的进步越来越深刻地影响着我们的生活,这是一股不可逆转的潮流。所以，你不能忽略那些没有循环的事情，单单挑选循环的例子，然后宣称我们的宇宙遵循阴阳理论运转。

尼尔

我思，故我疑

2009 年 5 月 20 日，星期三

亲爱的泰森先生：

我感觉自己有点儿撕裂。只要一接触哲学，我就很排斥它不科学的自言自语和空洞的措辞。我就是无法理解，没有必要的实验和同行评审，这些人怎么有自信宣称自己对宇宙的理解、思考的知识是对的。要驳斥另一个人的观点，你只能自己提出一堆同样没有根据的想法，谁能认真对待这样的“学科”？

但很多哲学家真的非常聪明，其中某些人甚至还是科学家。既然这些聪明人选择投身于哲学，那么这门学科应该有其优点。于是我陷入了困境：我不知道该如何调和哲学和科学，唯一的解释是，哲学只是思考了目前科学还无法解释的事情。对我来说，哲学是一种更轻松、更模糊的神学。

所以我想问问你：在解释人类思维与宇宙运作机制时，甚至在科学领域里，你如何看待哲学扮演的角色？

非常感谢你的时间。

致以敬意！

丹尼尔·纳西索

亲爱的纳西索先生：

我的想法和你大致相同。自20世纪以来，我没有见过哪位接受过正式训练（念过大学哲学系）的哲学家为我们对自然世界的理解做出过任何实质性的贡献。但他们往往对自己的学识颇为自信，尽管这些学识并非基于数据或者对客观宇宙的观察。哲学家没有实验室、没有望远镜，也没有显微镜。他们拥有的只有自己的头脑和安乐椅，以及认为这两件工具足以帮助他们理解自然运作机制的错误自信。

我无意评价哲学的其他分支：道德、宗教哲学、政治哲学等。但在现代物理学出现之前，许多哲学家做出过有益的贡献，我对他们致以诚挚的悼念：伊曼努尔·康德、大卫·休谟、库尔特·哥德尔、伯特兰·罗素、恩斯特·马赫。无独有偶，自从我们通过实验发现，宇宙有很多地方并不符合所谓的常识（例如，相对论和量子力学）以后，哲学就开始逐渐变得无用。

如果有一天，某位哲学家关于“意义之意义”的发言能提供有用的线索，指引我们发现宇宙的下一个秘密，我会很高兴地改变自己的看法。

祝福你，

尼尔·德格拉斯·泰森

表达你自己

没有日期的来信，约 2014 年

通过 美国邮政

致尼尔·德格拉斯·泰森：

我在历史频道和发现频道上见过你，也买过、读过你的书。我还在通宵广播节目“从东岸到西岸”里听过你的发言。

无论是文字、广播还是电视，你表达自己、传递信息的方式始终如一，这引发了我的疑问。

这么有效的沟通方式，你是从哪儿学来的？跟谁学的？怎么学会的？我脑子里有很多信息，但我却没有办法有效地把它们表达出来。你似乎能预料到读者或听众的想法，然后在下一句或者下一个段落中做出回答。我很想学习这种预见能力。

为了方便你回信，我随信附上了回邮信封。信封上的编号和单元名称就是我的地址，我现在被关押在得克萨斯监狱。

谢谢你，

大卫·斯威姆 #1436288

得克萨斯，艾奥瓦帕克

亲爱的斯威姆先生：

谢谢你好心称赞我为提升沟通技巧而付出的努力。

我的教育理念很简单。不妨想象一下，一位教授站得离你远远的，一边唠唠叨叨地讲课，一边在教室前面的黑板上写字。作为一名学生，尤其是大学生，你的职责就是学习。你付了学费。所以在很多情况下，你需要用自己的学习技巧去弥补老师讲得不清楚的地方和心不在焉的态度。上课就是这样的。

接下来再想象一下，一位教授站在教室前面，他会和听众进行眼神交流，会花时间和精力思考你的想法，观察你注意力的焦点，明白哪些词语和概念你能听懂、哪些你听不懂，了解听众的特性——年龄、性别、国籍、种族、政治文化倾向、笑点和哭点。除此以外，他还对流行文化有一定了解，引用或类比的时候总是信手拈来、恰到好处。这个人不是在给你上课，而是打通了一条为此时此刻的听众量身定制的渠道。这便是沟通。

通过这种方式，你才能观察、感受别人在这一刻的想法，然后及时满足他们的好奇心。

此外，一般来说，我公开发表的文章至少要经过两位编辑之手，他们都是英语专业出身，十分注重文辞。我至少在一本书里感谢过编辑，因为他帮助我“说出自己的想法，打磨措辞和文理”。

所以要提高沟通技巧，没有捷径可走。但如果你的技艺真的趋于大成，你肯定会知道，因为不知情的人们会走过来对你说，“你真是个天生的沟通大师”。

真诚的，

尼尔·德格拉斯·泰森

第三卷

生命

宇宙视角让我们得以同时把握宏观和微观

第七章

生与死

生活从来都不容易，死亡则更难。

缅怀霍尔布鲁克

2010 年 12 月 16 日，星期四

《纽约时报》头条：

“1941—2010：外交和危机中的美国强音”。

致编辑：

2000 年，我陪同理查德·霍尔布鲁克大使参观了刚刚开放的罗斯地球和太空中心及海登天文馆。他对宇宙的深入了解和好奇心给我留下了深刻的印象。

真正的科学素养不仅关乎知识，更关乎你提出问题的思考方式。在那次参观中，后来他坦承，在布朗大学念本科的时候，他原本学的是物理，后来才改学了政治。

我忍不住问他，与物理学的接触对他的外交官生涯是否有所影响，尤其是在那些迟迟未能达成和平协议的战乱地区。

他毫不迟疑地回答："有。"他说，物理学的思维让他习惯于拨开表面的迷雾，追寻现象背后的本质原因。要寻根究底，你必须评估该在什么时机、以什么方式忽略周围的细节，那些看似重要的东西往往只是无关的干扰因素，排除了它们的影响，你才能删繁就简，厘清复杂的问题。

霍尔布鲁克先生的职业生涯生动地展现了更具科学素养的和平谈判者的风范。

尼尔·德格拉斯·泰森

于纽约

听到死者说话

2019 年 3 月 27 日，星期三

亲爱的尼尔表叔：

父亲死后的第二天，我去殡仪馆瞻仰他的遗体。连续经历了几次中风后，父亲缠绵病榻近十年，虽然他的离去令人痛心，但我早有心理准备。

走进殡仪馆，我几乎不敢看前面长桌上的那具遗体。我一点一点鼓起勇气，我知道，是时候说再见了。就在那一刻，我听见一个熟悉而苍老的声音对我说："小子，你在干什么？滚出去！"

我猛地停下脚步，转头张望，但我身后空无一人。

我熟悉这个声音，虽然我已经整整十年没有听到过它。中风后，父亲说话的声音和以前完全不一样了，但我内心深处知道，刚才我听到的是他在说话。

还有那个词，“小子”，一听我就知道，绝对是他，错不了，他总是叫我小子。

我不假思索地（大声）说：“我来看你。”他说：“我不在这里！”我本来打算离开，但我停下脚步，转身继续向前，边走边说：“不！我是来看你的，而且我马上就要看到你了。”他说：“行吧，去看吧。”

我继续向前走，但心中的悲痛已经不翼而飞。我低头看着他，他的身体看起来像涂过蜡，脸完全变了形，那是临终前插的呼吸管留下的痕迹。我听见他说：“看到了吧？我告诉过你，我不在这里。”

仅仅几分钟前，我还茫然不知所措，但是现在，我已经平静快乐多了，离开殡仪馆的时候，我几乎有些雀跃。直到几年后，当时的感觉还十分清晰，但仔细想想，整件事毫无道理。

你觉得这到底是怎么回事？

锡恩来·柯克兰

佛罗里达，德尔雷比奇

亲爱的锡恩来：

要么是我那位表哥（你故去的父亲）真的跟你说了话，要么是你幻想自己听到了他的声音。虽然后者的概率远大于前者，但请容许我向你推荐一个实验，如果下次再遇到类似的情况，请务必试试。

如果下次再听到死者说话，你不妨跟他聊聊更有价值的事情。比如死后的生活。鼓起你的好奇心，问几个好问题。以下问题可供备选。

- 你具体在什么地方？
- 那里还有其他人吗？如果有的话，是谁？
- 你穿着衣服吗？如果穿着的话，你是从哪儿弄到衣服的？
- 你吃东西吗？如果吃的话，谁做饭？
- 请描述一下你周围的景象。
- 你现在有多大年纪？健康状况如何？
- 那里有白天和夜晚吗？
- 你睡觉吗？在哪儿睡？

如果你的大脑足够活跃，富有创意和想象力，那它完全有可能模拟你父亲的声音对每个问题都做出似是而非的有趣回答。所以为了尽量减少这种可能性，不妨请别人在纸上写一个短语，例如“你好搭档”或者“钻石恒久远”，但你自己绝对不能看。然后，你可以出示这张纸，请死去的父亲读出上面的字。这样一来，你就能搜集到自己原本不知道的信息。

如果你能证明，这位死者的确（准确地）知道你不知道的事情，那你肯定会一夜成名。如果不能的话，你的经历不过是大脑误读、扭曲或编造客观现实的又一个例子。

尼尔

道别①

2009年12月24日，星期四

致各位教授和教育家：

这封信可能有些令人唏嘘，但我希望你们读完以后不必感伤。

从医学的角度来说，事情很简单：我要死了。近一年来，我的身体一直有点儿小毛病，于是我决定查一查。长话短说，在我身上发现了多处癌细胞，所以听医生介绍了一个小时以后，我就不想再听了。我的大限已到，时日无多。

我必须坚持的是，我不想收到充满同情和安慰的邮件。我觉得自己是个相当幸运的家伙。早在1995年我就告别了公司，直至2002年彻底退休，在此期间，我的生活真的很有意思。最后这7年里，我把所有时间留给自己，潜心研究科学和数学，并尽力帮助这些领域的初学者。我得到了一台梦寐以求的望远镜，也看过大多数人无缘亲睹的夜空奇景。通过这些经历，宇宙赐予了我灵魂的觉醒，让我认识到，俗世的生命不过是一个阶段而已。就像这些奖励还不够一样，我幸运地得到了临终前的“两分钟警告”，所以我才有机会有条不紊地完成这一过渡，尽可能地赋予其意义（除此以外，我还有时间去欣赏原本习以为常的很多东西）。

你们充实了我生命最后的岁月，给了我目标和动力。在生命的最后

① 这封公开信的收信人是《伟大的课程》系列节目中12位广受欢迎的教授，写信的这位先生看过这档节目，而且非常喜欢。我正好是这12个人之一。6个月前我和他通过信，那封信收录在本书“为人父母”一章里。

几年，很多人最大的追求无非就是找点儿事做。我比他们稍微高一层，要是没有教学公司[1]、天文学、科学和数学的引领，我肯定达不到这个高度。不，这不应全部归功于你们，激励我的还有我自己的学习和研究，但你们的确为我提供了动力。

如果你们愿意回信，请祝福我在即将踏上的奇幻旅途中一切顺利。凭借坚毅的灵魂，我一定会一路顺风。

感谢你们中的每一位，祝你们好运，永远都不要低估你们做出的贡献。我们另一边见。

祝福并道别。

迈克尔·摩格·斯特利

亲爱的摩格：

如今的你肯定知道，宇宙视角可能有助于舒缓你的头脑和身体。

老话说得没错，我们每个人迟早都会死，但只有少数幸运儿碰巧知道自己的死期。

尼尔

又及：摩格·斯特利死于8个月后的2010年8月。

① 现更名为“伟大的课程”。

宇宙视角

2012 年 6 月 19 日，星期二

泰森先生：

谢谢你！

此时此刻，我的母亲正在死亡线上徘徊，我尽量陪在她身边。以前我一直没有太多时间陪她，我们的生活道路并不相同，她和我妹妹一起住，多年来我们很少打交道。

几年前，她要求搬过来跟我和我的妻子同住。我们几乎不聊天，甚至很少说话。但你帮助我们找到了共同的话题，谢谢你。

我们孤单地出生，又孤单地死去。每个人唯一能带走的只有一生的记忆。

向你致以最深重的感谢。

祝福你，

罗伯特 · 克拉克

亲爱的罗伯特：

虽然你没有明说，但我猜测你和妈妈的共同话题应该是我写过或说过的关于宇宙的各种事情。宇宙的一大好处是，它属于我们每一个人（当然，除此以外还有其他很多好处）。因此，你对它了解得越多，你和它的关系就越紧密。

在我临死的时候，我一定会想到演化生物学家理查德·道金斯的名言。道金斯觉得大部分人，或者说，大部分可能存在的基因组合，根本没有机会出生，更没资格死去。

我总爱思考人类在宇宙中的地位，除了道金斯以外，类似的哲思总能带给我头脑的启迪和精神的平静。我写过一篇文章，题目叫作《宇宙视角》，要是你愿意给妈妈读一读这篇文章的最后一段，我将不胜荣幸，如果你们还有时间的话。段落内容附在信后。

愿你坚强，愿你的母亲安宁。

尼尔

宇宙视角来自我们对宇宙的基本认识。但它又不仅仅关乎你知道什么，你还得拥有相应的智慧和洞见，足以利用这些知识来评判我们在宇宙中的地位。它的属性一目了然：

- 宇宙视角来自科学前沿，但它不是科学家的专利，而是属于每一个人。
- 宇宙视角是谦逊的。
- 宇宙视角关乎精神，甚至算得上救赎，但不是宗教。
- 宇宙视角让我们得以同时把握宏观和微观。
- 宇宙视角让我们对异想天开的念头保持开放的心态，但又不至于开放到失去推理能力、轻易相信别人的说法。
- 宇宙视角让我们睁开眼睛看到真正的宇宙，它不是呵护、关怀生命的温床，而是一个冰冷、孤独、危险的地方。
- 宇宙视角让我们看到，地球不过是一个暗淡蓝点。但这个蓝点如此珍贵，至少现在，它是我们唯一的家园。

- 宇宙视角不仅让你从行星、卫星和恒星的照片中发现美，也让你学会欣赏塑造了它们的物理定律。

- 宇宙视角帮助我们跳出自己所在的环境，让我们得以超越基本生理需求（例如食物、住所和性）的层面。

- 宇宙视角提醒我们，太空中没有空气，旗帜无法飘扬，这或许意味着太空探索不仅仅是挥舞旗帜。

- 宇宙视角不光告诉我们，基因的纽带将我们和地球上的其他生命联系在一起，还让我们明白，人类和宇宙中等待我们去发现的其他生命之间同样存在无法斩断的化学纽带，就连宇宙本身也是与我们共有的原子构成的。我们都是星尘。

罗伯特·克拉克回信说……

谢谢你。你的坚强给了我莫大的帮助，我也将你的鼓励及时转达给了我的母亲。现在，妈妈的情况已经稳定下来，但她还住在医院的危重病区里。

看来偶像的关怀的确给了她极大的激励。这个周末，我会坐在她的床边，把你的整篇文章再读一遍。她想听你的文章，别人给她读过《圣经》，但效果没有这么明显（我也不想给你这样的压力）。

再次感谢，我永远是你的学生。

罗伯特·克拉克

寻找灵魂

2007 年 7 月，杰夫·瑞安写信来问死后的生活。死去的人到底会不会转化为永生的灵魂或者灵体？不过他最想知道的是，科学对这个问题有何看法？

亲爱的瑞安先生：

人体蕴含着可测量的一定数量的能量，这些能量以化学物质的形式储藏在脂肪和其他软组织中。在 37℃的体温下，人体会利用这些化学物质源源不断地产生能量，维持生命。我们的身体还庇护了数以万亿计的共生或寄生生命体，它们有的生活在我们的皮肤上，更多的寄居在我们的消化道里。

当你死去，你体内的化学反应（新陈代谢）会逐渐停止；随着身体一点点冷却，你体内的能量立即开始散逸到空气中。你的遗体会成为微生物的美食，有的微生物原本就生活在你体内，也有一些微生物是刚刚被吸引来的，例如蛆虫、蠕虫等等。随着时间的流逝，你的身体储存的所有能量会回归土壤和空气。

如果你被火化了，大自然就无法利用你留下来的能量，尽管这些能量是你花费了一生的时间从食物中一点一滴积累起来的。在火化的过程中，你体内储存的化学物质会被释放到大气里，加热空气，最终将能量辐射到太空中。

出于这个原因，我强烈推荐土葬，能量的循环从你出生的那一刻就已开始，土葬才能让它形成完整的闭环。

以上所有的物理过程和化学过程都是可测量的。

如果你相信人拥有灵魂，就像某些宗教所宣扬的那样，那么信仰才是灵魂存在的根基，所以你不能通过科学的方法和工具确定死者的灵魂去往何方。当然，除非你能想出什么办法来测量灵魂。事实上，X 射线被发现后，人们一度尝试过用它来寻找灵魂。当时的人们急于证明灵魂的存在，他们在医院里寻找濒死的病人，然后在病人死去的那一刻给他们照 X 光，想看看有没有什么东西从他们身体里升起来。结果却一无所获。

真诚的，

尼尔·德格拉斯·泰森

卡特里娜飓风

2010 年 1 月 27 日

通过 脸书

大家一窝蜂地想援助海地，怎么没人记得美国也有穷人和流离失所的人？与其捐款给外国，为什么不捐给国内需要帮助的人？受灾的不光是海地，美国也有人被卡特里娜飓风害惨了，可是没人在意他们。

罗恩·马里希

亲爱的罗恩：

数量级很重要。新奥尔良大约有 2000 人死于溃堤，与此同时，在地震中丧生的海地人多达 25 万人，约占这个国家总人口的 3%。与海地地震的破坏力相比，卡特里娜飓风造成的损失简直微不足道。

就我个人而言，如果有人在大街上熟视无睹地从流浪汉身上跨过去，但他却愿意收养流浪狗或者花钱喂狗，我才会对他有意见。

尼尔 · 德格拉斯 · 泰森

治病救人

兰迪 · M. 齐特曼想讨论一个古老的困境：聪明人是该追求自己的兴趣，还是该奉献心力去解决迫在眉睫的社会问题？他想问一问，既然我们还没有治愈癌症，生产的食物也不够养活全世界，那么登月和哈勃太空望远镜这样的项目又有什么价值？2004 年 10 月，齐特曼先生（礼貌地）诘问我，自己想做的事和正确的事，你选择哪个？

亲爱的齐特曼先生：

谢谢你分享自己的意见和反面的观点。以前我的想法和你一模一样，但等到我对生活和社会有了基本的了解（很多人并不清楚这些基本事实）以后，我改变了自己的看法。

你提到了治愈癌症。美国花在癌症和其他疾病研究上的税金是太空项目的 10 倍。要是再加上私人和企业在医学领域投入的研发资金，二者之间的差距将扩大到 100 倍。所以，在这些关键领域，我们并不是没有投入巨量资源。关于你提出的问题，NASA 不过恰好是个最显眼的靶子。

我注意到，讨论治愈癌症的时候，你并没有把美国的国防预算或者农产品补贴拿出来做对比。为什么不呢？国防部 10 天的预算够 NASA 花一年，这还没算上老兵福利。美国每年要花 1000 多亿美元给农民发放现金补贴，好让他们不种庄稼。NASA 的年度预算还不到这个数的六分之一。

除了刚才我们说的以外，更重要的是，真正创新的解决方案往往来自多领域的交叉碰撞。但哪些领域的交叉会在什么时候绽放出怎样的火花，这完全是不可预测的。我可以举几个医学方面的例子，成千上万的类似案例广泛存在于所有领域。哈勃望远镜发射升空后，我们发现它的镜片有一点儿瑕疵；为了解决这个问题，科学家搞了一套新的计算机算法来分析图片。在望远镜修好之前，我们可以利用这套算法尽可能地修复模糊的照片。结果这套算法成了乳腺癌早期筛查的理想工具，它能找到哪怕训练有素的人类也无法凭肉眼分辨的癌细胞，从而将乳腺癌确诊的时间大幅提前了。由于缺乏相应的背景知识，所以任何一位医生都不可能想到，计算机算法还能应用到这个方面。与此类似，X 光机是物理学家在研究电磁波谱时发明的，核磁共振仪的原理也是物理学家提出的，而超声波设备原本是军队用来侦察海底的工具。

我还想补充一点，作为一个黑人科学家，我的走红有助于打破刻板印象。正是由于刻板印象的存在，当权者才会觉得有色人种的智力不足以应对工作场所、学术界或其他领域的竞争，所以不愿意为他们提供机会和资源，这种偏见给社会造成了难以估量的损失。

所以，我个人非常同意你的观点，但真实的社会却不是这样运转的。就你所代表的少数派意见而言，你坚定的立场令我折服。

我们生活在一个富裕的国家里。从某种角度来说，我们的文化由国家的行为（无论是主动还是被动）定义，国会对预算的分配则是国家行为的具体体现。国家艺术基金会之所以能得到拨款，是因为它能从某些方面提高我们的生活质量。交通事业能获得资金（甚至补助），是因为我们看重它带来的经济效益。国家科学基金会能得到拨款，是因为它能推动基础研究，历史告诉我们，这类研究是技术进步的基石，尤其是那些企业不愿投资的研发领域。史密森学会能获得资助，是因为我们注重保护这个国家的历史，既是为了自己，也是为了全世界。军队能得到资金，是因为我们（作为一个国家）认为，军事力量带来的安全感比其他任何事情都更重要。国家卫生研究院能得到拨款，是因为我们十分重视疾病的治疗——这份名单还可以继续列下去。对预算的分配定义了这个国家。

假如我们有另一种方法可以厘清美国（甚至全世界）所有问题的优先级，好一次性分配所有资源，挨个儿解决它们，我相信这更符合你的设想（尤其是我应该做什么的那个部分）。但历史告诉我们，这不是解决问题的办法。正如我说过的，最具创意的解决方案往往来自其他领域，来自所侧重的事物和你完全不同的人。政府深知这一点（他们在这方面的认识主要来自战争，而不是对人性的深刻了解），而且十分重视，所以他们才会在纯科学领域投入重金（相对于艺术而言）。

谁也没说过哈勃望远镜拍到的照片比喂饱地上的人更重要。但这似乎正是你预设的前提。

再次感谢你对我的意见感兴趣，尽管我们的观点有所分歧（或者说正是因为我们有分歧），我仍感谢你的评论。

真诚的，

尼尔·德格拉斯·泰森

永远忠诚

2019 年 3 月 14 日，星期四

嗨，尼尔：

自从我上次写信给你以后又发生了很多事。[①] 我也不知道该从哪儿说起。有的是好事，但大部分是坏事。

我想我还是从好事开始说吧。我的职业发展得很好。我为“生命航班”工作过一阵子，而且真的救了几条命！现在我回到拉斯维加斯，在翼虎直升机公司找了一份飞行员的工作，每天带着游客欣赏大峡谷多姿多彩的地质结构。从这个方面来说，生活真是棒极了！

再说坏事，我不知道该从哪儿开始说起。我经历了很多事情。我知道我们只往来过几封电子邮件，你对我可能没什么了解（除了我是你的狂热粉丝以外）。我在海军陆战队服过 6 年役，那段时间我失去了几位朋友，其中包括和我关系最好的一位。为了熬过那段疯狂的日子，我付出了很大的代价。就在那时候，我认识了我老婆，后来我们生了个女儿。感觉就像《云霄 9 号》的剧情！我老婆是内华达试验场的一名工程师，我们简直是天造地设的一对。

大约 4 年前，她被确诊为乳腺癌。她像个冠军一样战斗了 3 年，但最后她输了。我以为自己早有心理准备，但我还是被击垮了。要不是我们还有一个女儿埃拉，我都不知道自己还能不能振作起来。

我只是想跟你叙叙旧，看看你最近过得如何。如果这封邮件有些丧气，

---

① 杰前后给我写过 5 封电子邮件，其中第一封是在 2013 年写的。

我很抱歉。但我希望你一切都好！我一直在关注你，也愿意永远站在你身后！

你的朋友，

杰·斯科布

2019年3月15日，星期五

亲爱的杰：

仔细看看人体的各个器官和各种功能，你会惊讶地想，这些东西怎么可能拼成活生生的人呢？可是当你的某个器官出了问题（每个人迟早会有某个器官出问题），或者遇到真正的悲剧（比如说你在海军陆战队失去朋友），我们却很容易忘记，生命的存在本身就是奇迹。

再往深里想想，智人的基因组能繁衍出几万亿独一无二的人，这意味着绝大多数人根本没有诞生的机会。所以对我们这些已经降生于世的人来说，死亡也是一种特权。

这样的宇宙视角赋予了我力量，让我能够充实地度过活着的每一天。现在我把它分享给你，希望科学能慰藉你的生活，让你安然面对挚爱之人的死亡。

愿你获得安宁。

尼尔

第八章

悲剧

本章收录的信件是我个人对2001年9月11日纽约世贸中心双塔被袭事件的第一手记录，当时我写信主要是为了安抚那些担心我的人，他们知道我离危险有多近。除此以外，本章还收录了一些针对阴谋论和神秘主义的坦率评论。

恐怖，恐怖①

2001年9月12日，星期三，上午10：00

亲爱的家人、朋友和同事：

我们全家都安好。昨天大约中午时分，我们撤离了下曼哈顿的住所，步行前往北边约5千米外的大中央车站，随后乘坐大都会北方铁路列车来到韦斯切斯特我父母的家，现在这封信就是在这里写的。

我们住的地方离世界贸易中心有4个街区，能看见世贸双塔、市政厅和市政厅公园。昨天我正好在家工作。9月11日上午8:20，我妻子出门上班；同一时间，我也出门去给市长初选投票。我9个月大的儿子和保姆一起留在家里，5岁的女儿去了距离世贸中心3个街区的幼儿园，这

① 这封电子邮件被转发过很多次，一周后，《华尔街日报》借用本文标题，探讨了互联网在本次悲剧事件的新闻传播中扮演的重要角色。

是她开学的第二天。上午 8：40，我在投票点的院子里排队，那里正好可以看到世贸中心 1 号楼的全景。

8：50，第一架飞机撞上大楼后，他们安全疏散了学校里的人群。从投票点往回走的路上，我注意到世贸中心 1 号楼的高层开始起火，当时大约是上午 8:55。很多人挤在市政厅公园外的路边看热闹，数不清的消防车、警车和救护车拉着警笛呼啸而过。

刚回到家里，我立即抓起摄像机冲到街上开始拍摄。平时我觉得自己还算坚韧，但那些可怕的画面在我脑海里挥之不去，令我心烦意乱。

1. 起初我看到世贸中心 1 号楼的高层着了火。冒出火光的不是几扇窗户，而是整整四五层楼，滚滚的浓烟蹿得比火苗还高。

这已经够让人难过了，但接下来……

2. 无数纸张和熔化的钢铁碎块纷纷坠向地面，我发现其中一些碎屑坠落的方式明显和其他的不一样。那不是摇摇欲坠的大楼溅落的碎片，而是人。那些人从窗户里往外跳，他们的身体从 80 层的高度翻滚着快速下坠。我大约看到了 10 个人这样跳下去，我满怀恐惧地拍下了其中三个。

这已经够让人难过了，但接下来……

3. 世贸中心 2 号楼发生了猛烈的爆炸，大约在它 2/3 高度的位置，可能是 60 层左右。爆炸的火球辐射的热浪逼得我们不得不转过头去。虽然我离世贸中心很近，但我看不到肇事的飞机，撞击的位置在大楼的背面。当时我不知道那栋楼是被飞机撞了。我第一个想到的是炸弹，但爆炸的声浪并没有像传说中那样震得窗户哗啦啦地响，只是发出了一阵低频的嗡嗡声。

从大楼角落迸发出来的火球非常大，甚至蹿到了 1 号楼那边。爆炸之所以会发生在那个角落，我猜测是因为着火的飞机燃料汇聚到了楼层的这一侧，空气中的压力逐渐升高，就在这一刻，第二架飞机迎头撞来，最终引发猛烈爆炸。烈火中无数燃烧的纸张四处飞舞，纷纷扬扬地飘向地面，仿佛整座大楼里所有的文件柜都被清空了一样。

看到 2 号楼也着了火，我们这些站在街上的人终于明白，起初的火光不是什么意外，世贸中心一定是遭到了恐怖袭击。之前我一直在拍爆炸的场景和周围受惊人群嘈杂的声音。但意识到这一点以后，我停止拍摄，回到了公寓里。

这已经够让人难过了，但接下来……

4. 驶向世贸中心的应急车辆越来越多，越来越多，越来越多……就在这时候，我听到世贸中心 2 号楼发生了第二次爆炸，紧接着是一阵低频的巨响，有谁能想到呢？爆炸点上方的楼层整个坍塌了。首先是天台，我眼睁睁地看着整个天台向侧面倾斜塌陷，包括直升机停机坪在内；紧接着最上面的几层楼轰然崩塌，牵动邻近的楼层继续塌陷，甚至包括爆炸点下方的几层楼。浓重的尘雾腾空而起，迅速遮蔽了下曼哈顿密密麻麻的街道。

我关上了家里所有的窗户。尘雾涌进我们这幢大楼，周围笼罩在一片诡异的幽暗之中，仿佛一场猛烈的雷暴即将来临。我望向窗外，但外面的能见度最多只有 2.5 厘米。

这已经够让人难过了，但接下来……

5. 大约 15 分钟后，窗外的能见度恢复到了 90 米左右，我发现到处都覆盖着一层约 25 毫米厚的白灰。这时候我才意识到，刚才停在世贸中心楼下的所有应急车辆现在都被埋在 110 层建筑物坍塌后的废墟中，光是灰尘恐怕就有几十厘米厚。大楼的坍塌直接粉碎了第一轮救援，毫无疑问，随之而去的还有成百上千名警察、消防员和医护人员。

随着能见度慢慢恢复，现在我能看到蓝天了，世贸中心 2 号楼曾经矗立的位置如今只剩下一片蓝天。

这已经够让人难过了，但接下来……

6. 我决定去接女儿，一个小伙伴的父母带着她藏到了一幢小写字楼里，那栋楼距离世贸中心比我们的公寓还要远 6 个街区。我开始准备求生物资：靴子、手电筒、湿毛巾、泳镜、自行车头盔、手套……就在这时候，我又听见了爆炸声，紧接着是已经非常熟悉的坍塌声，首先遭到袭击的世贸中心 1 号楼也塌了。我看到 1 号楼顶标志性的天线颓然坠落，淹没在第二次爆炸的烟尘中。

这一次的尘雾比上一次的更黑、更浓，来得也更快。1号楼坍塌后15秒，第二轮烟尘抵达了我的公寓，天空转瞬间黑如夜晚，我甚至看不见1厘米外的东西。公寓里的空气呛得人无法呼吸，但我们还算镇定。

到了这时候，我觉得现场的救援人员恐怕一个都活不下来。

这已经够让人难过了，但接下来……

7. 烟尘再次散开，现在窗外沉积的灰尘差不多有7厘米厚了。第二团黑雾占据了两栋110层的大楼曾经矗立的位置。但这团黑雾并不平静，它是地面的烈火喷出的烟尘。公寓里的空气变得越来越呛，显然，我们应该撤离，尤其是考虑到地下的燃气管道可能泄漏。我背上家里最大的背包（里面塞满了求生物资），把儿子放进最轻便的婴儿车，带着保姆离开了公寓。然后保姆独自步行穿过布鲁克林大桥，自己回家去了。

我走到了女儿所在的那栋楼，这边是上风方向，街面上十分安静，也看不到什么碎屑。女儿的精神很好，只是明显不太高兴。在这儿等我的时候，她用蜡笔画了一幅画，画面上的世贸双塔正在起火冒烟，就是5岁孩子能画出来的那种。“爸爸，你觉得那个飞行员为什么会开飞机去撞世贸中心呢？”“爸爸，我希望这一切只是一个梦。”“爸爸，如果烟雾太呛，我们今晚不能回家，那我的毛绒动物不会有事吧？”

这已经够让人难过了，但接下来……

8. 办公室的软垫沙发让我慢慢平静下来。一只手搂着儿子，另一只手搂着女儿，这时候我才意识到，在正常情况下，世贸中心的两栋楼里应该各有 10 000 人。根据我目睹的景象，我没有理由相信他们有可能幸存下来。事实上，就算死亡人数多达 25 000 ~ 30 000 人，我也不会感到惊讶。世贸双塔的地下部分足足有 6 层，里面有很多地铁站台，还有大约 100 家商店和餐馆。那两幢楼直接塌进了下面的“地洞”，这个洞不光能装下世贸中心，哪怕再加上城西高速公路对面的世界金融中心也不在话下。

这已经够让人难过了，但接下来……

9. 我意识到，如果死亡人数真有我想的那么多，这次袭击恐怕比死了几千人的“珍珠港事件”还要严重得多。“泰坦尼克号”、兴登堡、俄克拉何马城、汽车炸弹、劫持飞机，全都比不上这次。短短 4 个小时内死的人几乎达到了美国在越战中总死亡人数的一半[①]。

下午 4 点，我终于联系上了妻子。我们在联合广场公园北边碰头，

① 我对死亡人数的预测实在过于悲观，现实并没有那么糟糕。当时我觉得可能要死 25 000 人——也就是每栋楼各 107 层办公空间里的所有人。但袭击发生的时间太早，还有很多人没来上班。3 个被袭击地点——纽约、华盛顿特区和五角大楼——死亡的总人数加起来“只有”2998 人，其中单单世贸中心就死了 2606 人。

然后又往北走到了1.6千米外的大中央车站，乘车前往纽约北面的韦斯切斯特。

经历了昨天的事情，我已经不是原来的自己了，但现在我也不知道自己会变成什么样。我想，从此以后，我们这代人也算是经历过不可言说的恐怖事件的幸存者了。我们的先辈曾目睹20世纪的战争之恶，那些事情改变了他们；我原以为现在的世界已经完全不一样了，现在想想，那时候的我是多么幼稚啊！

愿你们都和平安宁。

尼尔·德格拉斯·泰森

于哈得孙河畔的黑斯廷斯，纽约

世贸中心的日落

一封情书，发表于《自然历史》杂志“群星之城”特刊

2002年1月

世界贸易中心的双塔高约400米，差不多相当于5个街区。

我住的地方距离它们曾经矗立的位置有4个街区。我见过它们的璀璨，也见过它们坍塌。透过餐厅的窗户，我看到它们相继倒下，每栋楼坍塌的时间不超过10秒，水泥粉尘组成的浓雾滚滚而来，让人看不清2.5厘米外的东西。透过同一扇窗户，在那两栋楼曾经矗立的地方，如今你只能看到湛蓝的天空。

世贸中心曾是名副其实的“竖立的宇宙”，我常常想起它。我会想起在那两栋楼里工作的人，想起观景台上的游客，想起坐在世界之窗下的食客，想起所有在那里失去了生命的人。

每当我竭力试图平静地怀念世贸双塔，我总会不由自主地想起它的观景台。在楼顶的观景台上，你可以将问候语输入计算机，北塔的无线电天线会将你的问候送往太空深处，以供竖起耳朵窃听的地外生命解码。世贸双塔如此之高，如果你站在观景台上，那么地平线远在72千米外。沿着地球弯曲的表面，这个距离足以让观景台上的日落时间比地面上晚2分钟。要是你一秒钟就能爬一层楼，那么你真的能看到凝固的日落。遗憾的是，你早晚会累得喘不过气来，或者爬到最高的楼顶，最终只能看到落日缓慢地沉入地平线下，淹没在夜色中。

纽约的双塔再也看不到太阳了。但想到太阳每天都会再次升起，正如过去的数万亿次一样，我又感到了些许慰藉。

世贸中心周年纪念

2002年9月11日，星期三

《纽约时报》

致编辑：

说到周年纪念，我想我们可以借这个机会缅怀过去一年里几乎已经被遗忘的人物、地点和事件。但对我来说，我没有哪天不会想起世贸中心和随它而去的几千条生命，要知道，那两栋楼离我家只有4个街区。所以，也许我可以趁今天这个机会，试着想想别的事情。

尼尔·德格拉斯·泰森

于纽约

先驱者的旗帜

2012年12月7日，星期五

《纽约时报》

致编辑：

1941年12月7日，日军偷袭珍珠港，2400名美国人丧生。我时常会想，“珍珠港事件”引发的强烈情绪会不会渐渐平息下来，也许随着时间流逝，随着当时的目击者相继离世，这件事最终会成为尘封的记忆。1991年12月7日，“珍珠港事件”五十周年之际，我却发现，无论过了多久，你都很难忘记如此惨痛的悲剧，除非有更严重、更近的另一个悲剧遮挡了你的视线。的确，10年后的2001年12月7日，令3000名美国人丧生的“9·11”恐怖袭击刚刚过去三个月，珍珠港几乎无人关注，就算有人想起，恐怕也只是把它作为一个标尺，用来衡量“9·11”过去了多久。如果没有其他事打破生活的平静和安宁，那固然是一件好事，但“9·11”的记忆必将永远铭刻在人们心里，无论是好是坏。

尼尔·德格拉斯·泰森

于纽约

沉重的金属

2009 年 3 月 31 日，星期二

泰森先生：

很高兴能够写信给你。从我第一次在《每日秀》（也可能是《科拜尔报告》）上看到你，我就成了你的忠实粉丝。我和我的女朋友都喜欢你对事情的看法和幽默的态度，还有你看待各种有趣话题的角度。今天我之所以写信给你，是想问问关于“9·11”事件的一些科学争议。我知道你是“9·11”事件的亲历者，如果你觉得我的问题不合适，或者不愿意谈论这个话题，那我深表歉意，并尊重你的意见。

我想问的是，钢铁的熔点是多少？如果没有进行定向爆破，那三栋楼（包括后来坍塌的世贸中心 7 号楼）有可能像当时那样倒塌吗？理查德·盖奇创建了一个名叫“探查‘9·11’真相的建筑师和工程师”的组织，他搞了一场有趣的巡回演讲，希望借此说服人们，世贸中心实际上是被定向爆破炸塌的。我个人十分推荐你看看他的演讲，如果有机会的话，你甚至可以亲自跟他聊聊。

无论你的想法是什么，如果方便的话，请务必告诉我。这类话题真的很需要你这样有名望的人提供意见。希望你一切都好，感谢你抽出时间读我的信！

西蒙·内勒

亲爱的内勒先生：

任何一个独特的事件背后总有无法解释的元素，因为它们没有先例。

你可能知道某件事是真的，或者知道某件事不是真的，又或者不知道某件事是真是假，你必须明白这三者之间的区别。非同寻常的事件总有不明不白的地方，所以人们（尤其是阴谋论者）才能找到发挥的空间。

而且阴谋论者总是在调查之前就有了预设的答案，这会干扰他们的分析，让他们很容易接受支持自己理论的证据，同时拒绝、忽略或者轻视反面的证据。这种心理效应在科研界十分常见，所以同行评审才这么重要。

定向爆破假说需要建筑物以近乎自由落体的方式坍塌。认为“9·11”事件有阴谋的人常说，世贸双塔塌得太快，并以此作为定向爆破的证据。我觉得他们的说法很有意思，所以我自己验证了一下。根据当时的视频，我测量了每栋楼坍塌的时间。事实上，世贸双塔坍塌花费的时间差不多相当于自由落体的2倍。你可以用初中物理的公式算一算。

我通过一个热情讨论的电子邮件链接把这个事实告诉了一位“9·11”阴谋论者，他很快回信斥责我撒谎，说我是政府的同谋，还把这封信抄送了好几十个人。

虽然世贸双塔坍塌的速度比自由落体慢得多，但“9·11”阴谋论者并不认为这是有力的反面证据。

他们更愿意搜集种种无法解释的谜团，然后把它们编织成有利于自己的证据。可是既然这些谜团无法解释，那它们肯定既不能支持也无法反驳任何观点，但阴谋论者当然无视了这一点。

真诚的，

尼尔·德格拉斯·泰森

符号学、神话和仪式

2009 年 11 月 15 日，星期日

亲爱的尼尔·德格拉斯·泰森：

希望你不要觉得下面的问题过于奇怪。我想问的是，基于我对古文献和秘本的研究，我认为“9·11”袭击没准和某些天体的运行有关，我知道这听起来可能有点儿奇怪，但你觉得会不会真有这种可能？为了准确评估这种可能性，我需要了解这些天体在袭击发生当天的精确位置，确切地说，是袭击发生当时（也就是上午 8：46 到 10：28）的位置。

我对符号学、神话和仪式很感兴趣，也想尽量从学术的角度严肃讨论人类暴力的仪式感，哪怕别人可能觉得，这么显而易见的事情根本用不着讨论。不管你有什么看法想要分享，我都愿意洗耳恭听。

如果你愿意抽出时间考虑这方面的问题，我将不胜感谢。

真诚的，

汤姆·布雷登巴赫

亲爱的汤姆：

人们总爱过度诠释天文事件。将俗世中的事情和天空中的现象联系在一起，这种强烈的冲动深深扎根在我们心中。

有的事件可能十分罕见，但却毫无趣味。宇宙中有很多这样的事，所以人们总是忍不住，想给这些本身没有意义的事情赋予意义。比如说，几个月前，新月和金星同时出现在天空中，形成独特的图案，同样的天象在未来5000年内都不会再现。但与此同时，新月和金星还可能形成另外5000种5000年一遇的独特图案，这意味着你每年都能看到5000年一遇的新月和金星。

所以，如果有人告诉你，某个事件非常罕见，却不告诉你其他相似的罕见事件出现的频率，迷信的人往往会强行赋予这些事件不合理的重要性。自2001年9月11日以来，基于这个日期的命理学推演数不胜数，但你仔细想想，随便你挑哪一年的哪一天，有心人总能拼凑各种巧合的数字，营造出这个日子非常特殊的幻觉。

如果想为俗世中的事件寻找隐藏的形而上的含义，请务必保持警惕。恐怖分子挑选的袭击时间往往是为了纪念过去的事件或袭击，而不是根据天象。

尼尔

第九章

与宇宙同在

只要没有确切的反面证据，人类的头脑可以相信任何事情。那些写信给我讨论信仰问题的人几乎都想说服我站到他们那边，但与此同时，他们的确也有困惑。作为一名教育家，我不吝于鼓励他们，但我真的很好奇，为了理解周围的世界，人类的头脑怎么能想出这么多稀奇古怪的解释。

上帝之眼

2005 年 5 月 20 日，星期五

来自网络……

上帝在望远镜的另一头回望?

NASA 称之为“上帝之眼”的照片

太酷了，不分享太可惜!

"上帝之眼"这张照片是真的吗？

真诚祝福你和你的家人！

妮基·布兰福德[①]

嗨，妮基：

照片是真的。这个天体真实存在于我们的银河系里，它名叫"螺旋星云"，编号"NGC7293"。这张照片来自哈勃太空望远镜。

抬头看见美丽的东西就想归功于上帝，这的确是一种强烈的冲动。公元2世纪的著名天文学家兼数学家克劳迪乌斯·托勒密在研究行星相对于背景恒星的运动时就产生过这种感觉，他写道：

> "追踪天体的往复律动时，我心怀喜悦，身离俗世。我与宙斯同在，共饮仙酿。"[②]

这是我最爱的名言之一。

但令我一直好奇的是，宇宙中每时每刻都在发生那么多事情，但唯有天体的运行才这么富有诗意，这么容易让人体会到上帝的伟力。癌细胞的快速生长，致命的先天缺陷，夺走无数生命的海啸、地震、火山、飓风和小行星，埃博拉病毒，致命的寄生虫，带来疟疾的蚊子，引发瘟疫的老鼠，莱姆病，心脏病，中风，阑尾炎，物种灭绝……这份名单长

---

① 她是我多年好友的妹妹。

② 欧文·金格里奇，《天堂之眼：托勒密，哥白尼，开普勒》（1993），P55。原文出自托勒密《天文学大成》手稿（约公元150年）。

得没有尽头。除此以外，自然界中还有不少一看就很可怕的东西，例如，尘螨的显微图片，或者狼蛛下腹部的特写、水蛭骇人的口器、香蕉蛞蝓滑溜溜的痕迹、感染跳蚤的狗肚皮，如此等等。

所以，当我凝望螺旋星云，我只看到了银河系惊人的美，但并不想将它归功或归咎于任何人。

尼尔

独立思考

2011年12月，在红迪网站的聊天板块里，有人问我聪明人该读什么书。我列出了几本书，每本书都附有简单的评语，解释它入选的原因。我将《圣经》列在第一位，但我的评语惹恼了众多信徒。几年后，看了帖子后面的评论以后，我发了一条回帖。

书单：

1.《圣经》

“……它会让你明白，让别人替你决定应该想什么、相信什么，比独立思考更容易。”

2.《世界体系》，艾萨克·牛顿

“……它会让你明白，世界是可知的。”

3.《物种起源》，查尔斯·达尔文

“……它会让你明白，我们和其他地球生命的亲密关系。”

4.《格列佛游记》，乔纳森·斯威夫特

“……除了贯穿全文的辛辣讽刺以外，它还会让你明白，人类大多数时候不过是人形兽而已。”

5.《理性时代》，托马斯·潘恩

“……它会让你明白，在这个世界上，自由为什么离不开理性思考的力量。”

6.《国富论》，亚当·史密斯

“……它会让你明白，资本主义是一种贪婪的经济，一种自我驱动的力量。”

7.《君主论》，马基雅维利

“……它会让你明白，没有权力的人会不择手段地去获得权力，掌握权力的人则会竭尽所能地维护自己的权力。”

我对《圣经》的评论为何会招来这么多非议?

1. 犹太基督教《圣经》可能是有史以来最自相矛盾的文本,没有之一。有人说，应该谴责的是某些人的歪曲解读，而不是《圣经》本身，对此我没有意见。但这并不意味着人们就能理直气壮地放弃自由意志，将《圣经》的内容奉为至高无上的行事准则。这种行为会促进阶层的分化，让教条成为不可动摇的权威。被教条影响的人所说、所做、所想的一切都遵从他人的指引。比起独立思考或者反抗最初制定教条的力量，听从命令肯定更轻松。

2. 在这个世界上，宗教当然不是教条的唯一来源。教条有政治方面的，也有文化和道德方面的，有时候就连科学领域也有教条。但科学自身的方法和工具天然具有瓦解教条的力量，所以科学领域的教条不可能维持太长时间。而且科学家几乎从不滥用权力，所以，如果有哪个国家的科学界被教条主宰，那往往是因为遭到了来自政治领域的教条干扰。纳粹德国和李森科领导下的苏联科学界大概都算得上这方面的绝佳案例。

3. 别忘了，我的任务是列一份受过良好教育的人应该读的书单，这些书能让我们看清人类的处境和文明的脉络。有的人读了《圣经》就学会了抱团——被纳入了某种“群体思维”——他们的行为深深影响了西方的人类史。有鉴于此，我才会说，“让别人替你决定应该想什么、相信什么，比独立思考更容易”。

出于上述原因，我觉得我这句话不但没有说错，而且还很重要。

敬呈

尼尔·德格拉斯·泰森，于纽约

上帝和冥界

2006 年 11 月 29 日，星期三

你好，泰森博士：

我想问一个看起来相当沉重的问题：你是否相信超自然的存在（比如说上帝）？是否相信有冥界？如果不信的话，你怎么给自己的孩子解

释这些东西（宗教的概念，以及为什么有人相信它）？

这个问题困扰了我很长时间。我总爱问自己，如果上帝和冥界都不存在，那么这两个概念为什么从人类社会诞生之初就深深扎根在我们的文化里？

希望你能抽出时间回答我的问题，但不管你怎么说，我可能都会继续祷告，因为给信仰做点儿小投资没什么坏处，万一天上真有一个他呢，万一我死后真的会去另一个世界呢。

韦伯斯特·贝克

亲爱的贝克先生：

目前我在地球和宇宙中所见的一切都无法证明，世界上的确存在一个有智慧的万物主宰。

我会向孩子们介绍全世界所有主要的宗教。不带任何贬损的感情色彩，而是从人类学的角度客观介绍，我认为这是一种讨论宗教的合理方式。这会让孩子们了解到，涉及上帝或神灵的信仰系统有很多种，但科学是唯一的，无论你出生在哪里（地球上还是宇宙中的其他任何一个角落），科学都始终保持一致。

我不知道上帝是否真实存在。但我知道，那些罗列证据试图证明上帝存在的人总爱忽略反面的大量证据，无一例外。

除了宗教以外，人类社会还普遍存在其他一些广泛而永恒的活动，包括战争、背信弃义、权力斗争、奴役和剥削。各种文化里都有的不一定就是好东西，也不一定对，更不一定会传承千古。

虽然人们天然愿意相信冥界的存在，但是不要忘了，在地球生命史的大部分时间里，你并不存在。这种状况一直持续到你出生为止。这不难想象，虽然的确令人沮丧。你既不存在，也无法感知任何事情，就这么简单。如果你能接受这一点，那我再告诉你，死后的状态很可能也差不多，你是不是就觉得好理解多了。

说到你为了预防万一而坚持祷告，我倒是想起了一个故事。尼尔斯·玻尔的办公室里挂着一块马蹄铁①，有人问这位著名物理学家，身为一名科学工作者，你为什么会迷信这种事情。据说玻尔是这样回答的："他们告诉我，就算你不信，它也真的管用。"

真诚的，

尼尔·德格拉斯·泰森

看着彼此的眼睛

2004 年 9 月 30 日，星期四

亲爱的尼尔：

你好，我叫汤姆。我在美国公共电视台的《起源》节目里看到你讨论了宇宙的诞生。我从记事起就痴迷于太空、恒星和月亮之类的话题。我是一名业余无线电爱好者，目前在一家专门经营 HAM 无线电放大器和配套设备的公司工作。

我坚决反对目前的宇宙演化理论，原因如下。

① 马蹄铁会带来好运，这是西方的一种传统迷信。

作为一名基督徒，我相信宇宙是上帝创造出来的。上帝说，要有宇宙，于是宇宙便诞生了。我可以相信，其他地方也可能存在生命。对此我持开放态度。《圣经》的确没有提到过这件事，但它也没提过恐龙。你看，在亚当和夏娃的年代，地球和现在很不一样。那时候没有病痛，也没有死亡。动物不会攻击或吃掉其他动物。飓风、龙卷风、地震等灾难都不存在。

我知道，你肯定觉得我说的都是疯话。学校里的教授告诉我，科学和上帝不能共存。但要是没有上帝，科学根本就不会存在。

尽管我们对宇宙起源的看法截然不同，但我还是希望你我能看着彼此的眼睛，理解对方，因为我们都爱科学和自然。

真诚的，

汤姆·罗德斯多克[1]

亲爱的汤姆：

谢谢你的意见。宇宙起源的话题总会引发各种各样的反响。归根结底，人们总会选择性地过滤各种理论，从中挑选出最符合自己世界观的内容。

毫无疑问，你的观点来自犹太基督教《圣经·旧约全书》。问题在于，世界上有很多人信仰其他宗教，他们对自身信仰系统的信心不亚于你。泛灵论者、佛教徒、印度教徒、犹太教徒、穆斯林、神道信徒、巫毒教徒等等，他们和你一样坚信，自己的信仰绝对正确，是唯一至高的道德。更别说基督教内部还有无数流派，它们各自的信仰和传统都有重要的区

① 应本人要求，此处为化名。

别:英国国教、浸礼宗、天主教、圣公会、耶和华见证人、信义宗、摩门教、长老会、基督复临安息日会，诸如此类。过去（甚至包括现在）这样的分歧会驱使信徒借信仰之名杀死异见者。

从另一个层面来说，科学的体系由知识和发现组成，无关国籍、出生地、祖先、政治立场和信仰。科学是我们对自然世界的了解，它只遵从实验结论，不因任何人的主观意见而动摇。

要运用科学的方法和工具，你就得接受科学家讲述的起源故事，而不是其他任何基于信仰对自然世界的描述。要是宗教故事真的可信，科学家早就一窝蜂地跑到宗教典籍里去挖掘物理世界的运作机制了。

再次谢谢你的来信，祝福你的 HAM 设备，希望它能顺利捕捉空中的电波。

真诚的，

尼尔·德格拉斯·泰森

《圣经》如是说

布兰登·菲布斯曾是一位虔诚的基督徒，后来却成了无神论者。他在圣经学院认识了一位教授。这位教授认为，《圣经》里的每一句话当然都是对的，任何与《圣经》冲突的说法都是自由主义的阴谋，除此以外，他还坚决否认全球变暖、演化论、大爆炸以及其他来自科学前沿的发现。菲布斯写了一封言辞尖锐的回信，向曾经的老师全力开火，他给我看了这封长达 1500 字的信，想问问我的意见。下面是我的回答。

2010 年 2 月 14 日，星期日

布兰登：

你的反驳论文紧凑、尖锐、扎实。如果对方不是你曾经的老师，这样的文章简直就是大材小用。我敢打赌，现在你的年纪应该比他在教你的时候的年纪大，我猜得对吗？

如果让我来写的话，我会多花一倍的时间把文章压缩到一半的篇幅。用莎士比亚的语气来说，“以吾之见，诸位先生的反对意见过于冗长”。你肯定不想这样。除此以外，我还笃信一句格言：“如果争论的时间超过 5 分钟，那肯定双方都有错。”

关于全球变暖和大雪的问题，有一点我一直觉得很奇怪：人们总是先入为主地认为降雪变多等同于冷。但实际上，最大的雪往往出现在 −5℃到 0℃的天气里。在这样“暖和”的温度下，冰晶会变得更大、更黏，在地面上堆积起来的速度也快得多。所以暴雪意味着相对较高的温度，而不是酷寒。

还有，请尽量避免使用“证明”这个词。普通人觉得科学家的工作就是“证明”某件事，但这个词很容易让人误解我们确认科学发现的过程。人们会说，“科学家以前证明过 A，但现在他们却说 B 才是对的”。这样你就很被动。请注意，“假说”和“理论”，这两个词在现代语境里的含义完全不同。

科学家不会“证明”任何事。这个词在数学领域里有特殊的含义，但在科学中，我们要做的是通过充分的实验来证明共识的存在，由此告诉人们，不必再浪费时间和精力寻找进一步的证据，因为还有其他更急迫的问题等待我们去解决。只要通过实验确认了这样的一致性，它就绝不会在未来的某一天变成错的。在现代科学（以过去400年为界）的领域里，唯一可能发生的是，我们发现了更高层面的真相，由此对过去的想法和实验有了更深的理解。

对于那些还没有达成共识的想法，现在我们更愿意将它们归类为“假说”，而不是“理论”。“理论”这个词专门用来形容那些能让我们更深入、更全面地认识大自然运作机制的系统性的想法。例如，量子理论、相对论、演化论。19世纪的一些理论继续沿用了“定律”这个曾经盛行一时的词语：引力定律、热力学定律，诸如此类。要是放到今天，它们都会被纳入理论的行列。

你的文笔很有说服力，但你肯定不想靠文笔或词汇量取胜。从这个角度来说，论证的力量来自证据，而不是辞藻。

尼尔

一块 π

2004年11月28日，星期日

亲爱的尼尔：

最近你在一篇文章中提到了 π。多年来几乎所有介绍数学史的书都众口一词地说，《圣经·旧约全书》里 π 的值是3，误差很大。但最近的“侦查工作”表明，这件事另有隐情。

隐藏的密码揭示出失落已久的真相，人们总是偏爱这样的戏码。《圣经》里有一句话在不同的地方出现了两次，这两句话看起来几乎一模一样，只有一个词语的拼写略有差异。

根据希伯来语的原版《圣经》,《列王记上》7:23 里的这个词写作"קוה"，但在《历代志下》4 : 2 里，它却变成了"קו"。希伯来字母代码是一种古老的圣经分析技术（直到今天，研究犹太教法典的学者仍在运用这种技术），在这套系统里，根据字母表的排列顺序，每个希伯来字母都被赋予了一个数值；以利亚[1]利用字母代码计算了两个词的"值"，结果发现：设几个字母的值分别为：ק =100，ו=6，ה=5，那么《列王记上》7 : 23 里那个词语的值应该是 קוה =5+6+100=111，而《历代志下》4 : 2 里的词则是 קו=6+100=106。接下来，以利亚继续合理运用希伯来字母代码，算出了这两个数的比值（精确到小数点后第四位），他认为，这是一个必要的"校正因子"。用这个校正因子乘以《圣经》中的 π 值（3），最终得到 3.1416，这正是精确到小数点后第四位的 π 值！

"哇哦！"人们往往会做出这样的反应。古人能算出这么精确的 π 值，实在令人震惊。别忘了，那时候光是用绳子测出 π 的值等于 3.14，就已经是了不起的成就了，更别说精确到小数点后第四位。我们必须承认，单靠绳子恐怕不太可能算出这么精确的数值，不信你自己试试。

阿尔弗雷德·S. 波萨门蒂尔，

纽约城市学院教育学院院长

① 希伯来先知。

亲爱的阿尔弗雷德：

你不应该被犹太教卡巴拉主义者的数字命理游戏迷惑。提前知道自己要找什么答案，然后想办法用已有的数字凑出一个计算结果，这的确是一种古老而迷人的认识世界的方式，但却完全不值得信赖。要证明数字命理学真正的价值（如果有的话），你需要做的是反其道而行之：提前做出计算，然后预测 π（或者其他某个参数）的值。但他们从来没有做到过，哪怕一次。原因很简单，只要有了答案，你有无数种办法可以拼凑出计算过程。但如果事先不知道答案，那你多半只能瞎算一气，最终得到一个毫不相关的结果。

数字命理学的“力量”的确迷人。这方面的例子不胜枚举，比如说，2001 年 9 月 11 日的恐怖袭击也引发了无数猜想，人们总觉得那些数字有着深层的含义，无论是事件发生的日期和时间，还是劫持者的人数和他们的姓名包含的字母数量，如此等等。

问题在于，这些信息都是在恐怖袭击事件发生之后才被挖掘出来的，所以任何人都没有机会利用它们来预测任何事情。事后的计算不过是数字游戏，你可以用任何一个日期算出看似神奇甚至神秘的结果（只需要想一个同样随心所欲的算法）。

其他深受数字命理爱好者追捧的话题还包括肯尼迪被刺、埃及金字塔的形状和比例、世界末日、珍珠港偷袭和诺曼底登陆。

所以，祝你玩得开心，可是别忘了，数字命理学只是一种娱乐，它不能帮助你找到真相。

尼尔

佛教徒

2009 年 8 月 28 日，星期五

你好，泰森博士：

我想说，我很喜欢你的节目。是的，我觉得我是一个有信仰的人。可你们为什么从来不理会佛教徒呢？大家只关注基督徒、犹太教徒和穆斯林。如果你还没猜到我是个佛教徒，那也没关系，只是这个笑话就变得更有趣了。

我希望我的孩子广泛接触其他思想体系，让他们自己决定该信仰什么。我想传给他们的只有同理心，除此以外，无论他们追求的是科学还是宗教，我都一样祝福他们。

请继续创作更多杰作，先生。

托德 · 巴克斯特

亲爱的巴克斯特先生：

我在自己的书里（电视节目是根据书改编的）只提到了那些企图侵入科学教室的宗教。这种行为常见于原教旨主义的新教徒，我从没听说过美国的佛教徒、犹太教徒和穆斯林会干这种事。

除此以外，请注意，各个信仰系统自有区别。大部分信仰已经被证明是假的。所有信仰都一样，这种想法的普遍存在只能证明美国的科学土壤还很贫瘠。

你很重视同理心，这种特质的确值得重视，但皈依某个宗教通常意味着你得拒绝其他所有宗教。同理心是圣战里最不值钱的东西。而且，当然，《旧约·全书》里流传最广的故事也毫无同理心可言。

谢谢你，

尼尔·德格拉斯·泰森

开放的心态

2009 年 8 月 13 日，星期四

亲爱的泰森博士：

我非常尊敬你。我也爱自己的教会。我很迷惑。我想问一个问题——作为一位科学工作者，你理应拥有开放的心态——会不会有那么一丝可能，地球的历史真的只有五六千年？

我只能说，如果上帝真的不存在，我肯定会觉得自己非常孤独、非常渺小。

凯文·卡罗尔

亲爱的凯文：

地球历史只有五六千年的可能性为零。

正如我经常说的，想靠宗教文本预测物理世界里的未知，结果只能是一场空。但这并不意味着你就不能试试看。严谨起见，我应该说，此前所有的这类尝试都以失败告终。

再想想伽利略的名言：

“我觉得上帝写了两本书。第一本是《圣经》，它可以帮助我们解决价值观和道德方面的困惑。上帝的第二本书是大自然，它让人类得以通过观察和实验解答自己对宇宙的疑问。”

伽利略是一个有信仰的人，尽管如此，他还是说：

“上帝赐予了我们感官、理性和智慧，这些工具可以帮助我们获取知识；我不认为他会鼓励我们放弃使用自己天然拥有的工具，转而通过其他方式从他那里寻求知识。很多物理事实可以通过直接的感知或简单的演示得到验证，他不会要求我们放弃理性，否认自己眼睛看到的东西。”

说得再明确一点儿，无论上帝是否存在，都不会影响地球的年龄。西方世界里大部分（我猜应该超过80%）有信仰的人都明白这件事。将地球的年龄和上帝是否存在捆绑在一起的宗教团体是少数派。只是这些人的声音碰巧比较大，所以才会让人们（误）以为，他们才是主流的多数派。很多宗教组织公开支持演化论，而演化论成立的前提是地球拥有十分悠久的历史。

祝你在探索中好运。

真诚的，

尼尔·德格拉斯·泰森

证据

从 2005 年 9 月 19 日，星期一

到 2006 年 5 月 8 日，星期一

你好：

我知道你很忙，但我仍希望你能回复我这封微不足道的邮件。看到你出现在电视屏幕上，我的心情十分复杂。

首先，美国公共电视网的《新星》是一部很受欢迎的精彩纪录片，我自己也很爱看，能在这样一档节目里看到黑人同胞出镜，我非常高兴。我们当然需要在科学领域里看到更多黑色的面孔，《新星》就是一个很棒的舞台。我是一名电子工程师（开过两家工程公司），我热爱科学。

但从另一个层面来说，你似乎不相信上帝，反倒觉得万事万物的存在完全出于偶然，我感到非常遗憾。作为一名电子工程师，为了谋生，我经常需要设计各种复杂的产品，所以我知道，设计一样东西并让它正常运转到底有多难。你必须提前想好方方面面的细节，否则只会得到一团火光和浓烟，或者被告上法庭。人类、DNA、抗干扰性一流的宇宙，这么复杂的东西根本不可能是大爆炸的随机产物。

我很想知道，你为什么不相信宇宙是上帝创造出来的呢？如此复杂的宇宙完全出于随机，怎么会有人相信这种事？根据我个人的研究，我从科学的角度找到了上帝必然存在的诸多原因。

很多科学家担心，一旦人们开始相信一切都是上帝设计出来的，我们就会停止探索，因为我们已经知道了谁是万物的设计者。

但知道上帝设计了万物，这只会让你更渴望发现新的东西。我知道，

很多人说，有的东西设计得太糟糕，但我并不这样认为。物理世界存在各种限制，任何事情都需要折中，哪怕你是上帝，不管你怎么做，都不可能在现实世界里设计出完美的东西。

比如说，什么样的东西才算完美？有没有不怕任何攻击的生物？哪怕我把它扔进太阳，它依然可以毫发无伤？或者我让它在水里待一年，它还是活得好好的？丢进火山也不会死？在它身上倒点儿有毒废料也没事？如果我设法让它同时染上禽流感、艾滋病和癌症，它还能不能全身而退？任何生物都无法通过这样的考验，就算真有这样的生物，宇宙中总有别的什么东西可以置它于死地。

我相信，上帝早就明白这件事，不管他造出什么样的生物，宇宙中总有能杀死它的东西，既然如此，为什么还要白费心思让它变得刀枪不入呢？无论如何，物理世界里的生物都难逃一死。这就是现实。入乡随俗吧。

谢谢你听我唠叨！

尼格尔·史密斯

亲爱的尼格尔：

2005年，宾夕法尼亚州丹佛市的法庭审理了一起案件，智能设计论[①]的主要支持者当庭阐明，他们只有在面对未知事物（例如生命的起源）时才会援引智能设计的理念，这是现代智能设计运动的基本原则，发现研究所网页上的介绍也佐证了这一点。

---

① 智能设计论是对生命起源的一种解释。这套理论的拥护者认为，生命或生命的某些方面过于复杂，不可能自然出现，因此必然出自某位智能创造者之手。

如果你单方面宣称，我们已经理解的东西（尤其是我们能控制或者能影响的东西）也是某位智能设计者的作品，那你就能随心所欲地将任何东西指认为上帝的造物。

说到好的设计和糟糕的设计，要确保某人能承受一百万吨重的流星的撞击，这远远超越了我举过的任何一个例子。如果真有人拥有这样的能力，那他肯定被“过度设计”了，因为这种危险非常罕见。不过人类倒是经常被噎死或者淹死，儿童白血病也很致命，还有（绝大部分）先天缺陷，诸如此类。脑子没毛病的工程师肯定不会把吞咽液体和固体、对外交流、呼吸这几种功能全部集成到同一个孔洞上。所以你问，界限在哪里？任何一个有理性的人都会把流星撞击远远地放在线的这边，噎死则应该远远放在线的另一边。

我并不是说所有设计都很糟糕。好的设计也不少，能够对握的大拇指、立体视觉、语言、肩部和髋部的球窝关节、颅骨的形状和强度，这份清单还可以继续列下去。但你却觉得世界上没有糟糕的设计，不是因为它们并不存在，而是因为它们不符合你的宗教理念，所以你选择性地无视了它们。顺便说一句，你并不孤单，几个世纪以来一直有人这样做。这种行为甚至衍生出了一整套学科，人们称之为“护教学”，它的支持者也被称为“护教者”。

为了应付反对者对《圣经》段落的批评，护教者会从《圣经》里摘录一些零散的词句，将之组织成一套说辞，借此缓和《圣经》与科学发现之间的矛盾，好让《圣经》看起来不那么荒谬。这里有个典型的例子：《圣经》里没有任何一处将地球描绘成三维物体。《圣经》里的地球是平的，他们通常会画一个圈，耶路撒冷位于正中，大块陆地分布在地平线上的四面八方，周围有水环绕，当时人们对世界的理解就是这样的，很多地方都有记录。于是护教者从《圣经》里摘录出“地球圈”这个词，宣称这里说的“圈”其实是“球”。但事实上，那时候的人完全明白圈和球的区别。

所以我们的对话存在无法调和的矛盾：你心里早就定下了预设的答案，一切都是上帝设计出来的。我却不知道自己的答案在哪里。就算真的存在这样一个智能生命（上帝），公正的观察者也无法从大自然这本书里找到它存在的证据。

自然选择理论从没说过什么设计是完美的，甚至没说过什么设计是好的。它只会说，某个设计比其他竞争物种更高效，所以这种生物才能活得更久，从而获得繁衍的机会。其他任何因素都无法影响这个过程。

此外，我也没说过宇宙不是被设计出来的。我只是说，如果宇宙是被设计出来的，那么除了种种奇迹以外，这位设计者还留下了不少瑕疵和错误，只是这些小毛病常常被人忽视。

真诚的，

尼尔·德格拉斯·泰森

生命的意义

2007年12月，肯塔基州管教所一个名叫马克的囚犯问了几个十分深刻的（可能是最深刻的）宗教问题：如果没有上帝，那生命的意义何在？谁会在乎你的死活？你是斯大林还是爱因斯坦，是希特勒还是特蕾莎修女，又有什么关系？我回答了马克的问题，但这不一定是唯一的答案。

亲爱的马克：

人们（尤其是宗教信徒）常常从外界寻找生命的意义——《圣经》、宗教领袖的教诲、宗教圣物，诸如此类。如果你一辈子都是这样做的，那你肯定很难想象，要是没有了这些精神支撑，你该怎么生活下去。

但是，假如你向自身寻求生命的意义，那又会怎样？这样一来，只要做一些有意义的事，你就很容易找到生命的意义，照顾那些没有你走运的人，抚养孩子，完成艰巨的任务并获得身体、头脑或精神上的满足。这些与宗教文本完全无关的事情可以带来巨大的满足感。我个人的目标是让这个世界变得更好一点儿。它激励我每天孜孜不倦地工作。

对某些人来说，寻找生命意义的行为往往会演变成暴力、虐待他人甚至犯罪。有的人是因为自私，还有一些人是因为厌世。但这些特质不是无信者的专利。在这个世界上，宗教战争并不罕见，以神的名义进行的残酷屠杀夺去了无数无辜的生命。所以，你认为上帝能让人谨言慎行，或者赋予生活意义，对很多人来说，情况可能真的如此，但与此同时，信仰并不能确保你过上安分守己的美满生活。

我得补充一句，如果我帮助一位老太太过了马路，那只是因为她需要帮助，我也有能力提供帮助，而不是因为我期待因此获得奖赏，无论是现世还是来生。我的动机很简单：创造意义和自我价值，不光为我自己，也为了世界上的其他人。

最后，虔诚的宗教信徒有时候会问，“如果没有上帝，人们为什么还要文明地对待其他人呢”或者“如果没有神的审判，还有什么能阻止人们犯罪甚至杀人”。答案很简单：监狱。法律的存在就是为了约束人和人之间的攻击行为，保护人们的财产。对大多数人来说，这样的措施行之有效。事实上，在欧洲某些国家（例如，瑞士、荷兰、英国、法国和瑞典），宗教对政治、文化、经济和家庭的影响力约等于零，但他们的暴力犯罪率却比美国低得多。要知道，美国每10个人里有9个半宣称自己信教，而那几个国家自称信教的人往往不到十分之一。

所以，请放宽心，无论你是否信教，请不要忘记，对大部分西方社会来说，宗教只是文化的一个方面，而不是文化本身。

给你地球上和宇宙中最好的祝福！

尼尔·德格拉斯·泰森

第四卷

选择

人生中所有关键时刻，你的思考方式比知识更重要

第十章

求学

校园是知识的宝库，你在这里学习新东西，并奠定一生的思想根基。

老师、学生，以及教会和国家的争端

一位中学科学老师宣称，我们可以通过《圣经》了解自然世界。他的学生记录了他的说法并加以公开，结果上了头条。对于这样的事情，我通常选择沉默，但这次我却站出来，给《纽约时报》的编辑写了一封信。

2006 年 12 月 21 日，星期四

《纽约时报》

致编辑：

新泽西州的一名老师公然宣称，演化论和大爆炸都不是科学，诺亚方舟上有恐龙。人们指责他的行为违反了美国宪法第一修正案。

要避免类似的事情再次发生，政教分离还不够，我们必须将不懂科

学的无知者从教师的队伍里清理出去。

尼尔·德格拉斯·泰森

于纽约

太空实习生

2008年4月，一位名叫罗纳德·沃德[①]的非裔美国高中生向我求助。他说自己从6岁起就对太空产生了强烈的兴趣，现在他要参加科学展，希望我能给他出点儿主意。他参加过好几次太空训练营，未来想当飞行员或者宇航员。每个星期天，他都会和爸爸一起发射自制的火箭模型。罗纳德碰巧患有癫痫，所以他常常遭到同学的嘲笑。受疾病的影响，他可能不得不放弃天空之梦。同学们给他起了很多外号——“太空实习生”“书呆子”“技术宅”，诸如此类。他们还说，“你永远不可能成为科学家、数学家或者工程师”，这些话伤害了罗纳德的感情。

他问我，如果他的项目能在科学展上获胜，学校里的孩子会不会对他友善一点儿。他还想知道，我中学时是否也遭到过同学的奚落。

亲爱的罗纳德：

谢谢你坦率地分享自己的困惑，也谢谢你对太空的热爱。

在我周围的圈子里，“太空实习生”是一个值得骄傲的绰号，“技术

① 化名。

宅”更是荣誉的徽章。别忘了，作为全世界最富有的人之一，比尔·盖茨就是一位公认的技术宅。还有NASA局长麦克·格里芬。还有我。所以，班上的同学拿你对太空的热爱开玩笑的时候，你只需要记住，世界上还有成千上万和你一样的人，我们能理解你。还有，别忘了，只有满怀热情、执着坚持的人才能做出一番事业。

至于偶尔发作的癫痫，是的，它的确会阻止你成为一名宇航员，但归根结底，癫痫和其他许多常见病没什么两样。为了控制病情，你可能需要长期服用处方药，但它不会影响你的智商，也不会阻止你成为一名数学家、工程师或科学家。你甚至可以设计飞机和飞船，就算你不能亲身前往，你的作品也有机会出现在科学发现的最前沿。

请记住，太空中的每一位宇航员背后都有上千名科学家和工程师。

通过你的回邮地址，我注意到你生活在落基山区。科罗拉多斯普林斯正好是太空基金会的总部所在地，这座城市可以算是太空事务的中心。太空基金会开展了很多项目，其中一个是追踪太空科技在日常生活中的应用。我强烈建议你去拜访一下他们。如果你愿意跑一趟，我敢打赌，你肯定会带着满满一盒子炫酷的小玩意儿回家：钢笔、海报、别针、镇纸，以及其他科学展用得着的东西。我之所以有这样的把握，是因为我是太空基金会的理事会成员，每次去他们总部，我都会带回去一盒炫酷的小东西。

如果你真的去了，你肯定会在太空基金会总部认识几个不在乎傻瓜同学风言风语的同道中人，你们将共度一段愉快的时光，哪怕这样的时光十分短暂。

给你地球上和宇宙中最好的祝福。

尼尔·德格拉斯·泰森

小学生的好奇心

2009 年 4 月 10 日，星期五

亲爱的尼尔·德格拉斯·泰森：

你写了很多关于宇宙的书，我觉得这很酷。希望以后我有机会读一读这些书。我长大后也想当一名天体物理学家。我还在上一年级，现在我想做一个项目，主题是我心目中的英雄。你能帮我回答几个问题吗？

1. 你知道行星和它的卫星之间的引力来自哪里吗？

嗨，加布：

引力的来源仍是宇宙中的未解之谜。如果某个天体游荡到另一个天体的引力场附近，我们就可以运用爱因斯坦的广义相对论，看看会发生什么事情。根据相对论，引力会扭曲空间和时间，于是天体会沿着这些曲线运动，就这么简单。但除此以外，谁也不知道引力到底是什么。

2. 研究黑洞很难，是因为我们看不见它们吗？

是的。所以我们研究的是黑洞对周围区域的影响。黑洞会对空间、物质和能量造成独特的影响，我们通过这种方式在宇宙中寻找这些看不见的怪物。这就像在雪地里看见熊的脚印，你立刻知道附近有一头熊，哪怕你并没有亲眼看到它。

3. 你在写书的时候是怎么做研究的呢？

阅读，阅读，再阅读。思考，思考，再思考。阅读，阅读，继续阅读。

4. 我觉得这些事真的很有趣。

我也这么觉得。

5. 我听说你可能成为 NASA 的头儿。

我也听说了。但这只是传言。

谢谢你。

加布·莫普斯

谢谢你的热情，加布。

正如我们在宇宙中常说的一句俗话，抬头看，别放弃！

尼尔

看得见摸不着

2008 年 2 月 5 日，星期二

泰森先生：

我今年 13 岁，我想当一名环境工程师。不过既然太空是最后的边疆，我觉得研究太空和自然的专业方向也挺好。

我很想问一个问题：

永远摸不到自己正在看的东西，你不觉得这很难受吗？你唯一能做的就是在几光年外盯着它看。不能亲手触摸它们，你一定很难过吧。

真诚的，

马克·雅路泽

亲爱的马克：

是的，摸不到自己感兴趣的东西，这的确让人难过。但在天体物理学的领域里，望远镜不仅可以代替你的手，从很多方面来说，它甚至比手还强。

话说回来，谁会想亲手触摸类星体或者黑洞？那实在太危险了。

真诚的，

尼尔

知道

2009年4月7日，星期二

你怎么知道自己知道什么？

大卫·鲁尼安斯基

亲爱的大卫：

我直到32岁才离开学校。毕业后我又读了很多书。学校教给你的不仅仅是知识，还有学习的方法。最理想的情况下，学校应该激发你一生的求知欲。

除此以外，我还常常主动寻找比我聪明的人，跟他们聊天、交往。比如说，我的妻子就拥有数学、物理学博士学位。在任何一个方面她知道的都比我多得多，我却没有什么地方能胜过她。

尼尔·德格拉斯·泰森

耻辱

2008 年 7 月 24 日，星期四

亲爱的泰森博士：

2008 年 7 月 7 日，你在《时代》杂志上发表了一篇文章，根据你的观察，擅长科学和数学的学生往往会遭到同学的嘲笑，要想提高这些科目的成绩，就需要消除孩子们的这种耻辱感。我对此很感兴趣。

通过多年的观察，我坚信，之所以会出现这种糟糕的现象，主要是因为我们的媒体和社会不尊重擅长科学和数学的人。归根结底，学生为什么要花费精力去学习那些不能带来成就感的科目呢？比如说，随便扫一眼近期报纸上的文章，你会看到各种身份的人："主厨""官员""医生""骑警"，诸如此类。可是哪怕就在刊登你那篇文章的《时代》杂志 7 月刊里，"尼尔·德格拉斯·泰森"这个名字前面也没有冠上"博士"的头衔。

作为一名拥有博士学位的理论物理学家，35 年来，我在明尼苏达大学教过几千个学生，这方面的话题我跟他们聊过很多次。很多学生认为，由于科学家的社会地位相对较低（也因为科学类的课程学起来比较难），的确有不少人放弃学习科学，转而投向其他"社会认同度"较高的学科。

作为科学社群里知名度最高的成员，要想改变社会对科学家的看法，你可以做很多事情。

谢谢你的时间，

罗伯特·卡索拉博士

亲爱的卡索拉博士：

谢谢你分享自己对“科学家是否得到了足够的尊重”这个问题的看法。你提出的观点很有意思，但一些（可复现的）调查和我耳闻目睹的案例却不支持你的意见。确切地说，调查表明，头衔并不是这个问题的症结所在。

通过Salary.com网站，我们可以大致了解一下今天最受尊敬的职业。当然，40年前，军人和警察绝不会出现在这份名单上，所以对他们来说，世道也变了不少。不出所料的是，律师、政客和销售员都榜上无名。

1. 医生
2. 军人
3. 老师
4. 消防员
5. 首席执行官（CEO）
6. 科学家
7. 工程师
8. 警察

9. 建筑师

10. 会计师

其他调查的结果也差不多，在最受尊敬的职业榜单上，科学家名列前十，这种状况已经持续了至少 30 年。

几十年来，影视剧塑造的科学家形象发生了很大的变化。疯狂科学家的符号正在逐渐淡化。在《CSI：犯罪现场调查》和《数字追凶》这样的黄金时间罪案剧里，身为主角的科学家（化学家、数学家、物理学家、生物学家）聪明、迷人、擅长社交。事实上，就在这些影视剧热映的时间段里，大学化学系和数学系的女生人数急速攀升，时至今日，大学数学类专业的女生比例已经达到了 48%。

美国物理联合会（AIP）近期的数据表明，无论是在研究界还是工业界，资深专业科学家的年收入中位数都是全国家庭收入中位数的两倍。

根据我个人的生活经验，隐去“博士”头衔有助于消除沟通障碍，让别人更愿意听你说话，前提是你传达的信息能增强听众的思考能力。只要你做到了这一点，他们会争先恐后地挤到你的门口，不管你有没有头衔。

你肯定知道，不同于社会类学科，在你我的专业领域，公开发表的研究论文署名通常不带头衔，我很喜欢这项传统。我认为它体现了一种默契，比如说，没有头衔的研究生提出的设想的重要性可能不逊于更资深的研究者，所以论文读者不必知道作者的头衔。

尽管如此，在我接受的所有媒体采访（包括纸质出版物和广播电视节目）中，仍有大约 60% 的采访者提到了我的“博士”头衔，并且表现得相当尊重。但不管有没有提到头衔，他们都会继续向我咨询科学问题，对我来说，这就是最大的尊重。

今天，电视上的优质科学纪录片比以往任何时候都多。看看美国公共广播公司、发现电视网络（包括他们的科学频道）、国家地理、历史频道的节目，再加上其他电视台不时针对某些科学主题制作的特别节目，你不难发现，这些年来，公众对科学的了解、欣赏和偏好呈指数式增长。

当然，和其他发达国家相比，我国在科学方面的考试分数和其他表现都不够理想，上述有利因素无法改变这个矛盾的现实。但你很难说，问题的关键是科学家的名字前面没有加上头衔。

所以，虽然你的担忧十分合理，也没什么错，但根据上述信息，现有证据并不支持你的观点，我们甚至更容易得出反向的结论。这是件好事。

谢谢你的热心。

尼尔

毫无疑义

2009 年 6 月 30 日，星期二

亲爱的泰森博士：

我是印第安纳州的一名警察，我热爱科学，而且特别喜欢你。我知道你是一位杰出的科学家，名气也很大，但我还是想问你，有没有什么科学工具（比如说观察技术、碰撞损伤调查、调查技术，诸如此类的东西）能帮助我更好地完成工作（我说的是出外勤的时候，而不是解剖台前）。

我喜欢你的思考方式，不知道你能不能将自己探索世界的方法论分享给我这样的门外汉。我的目标是成为一名更优秀的警察 / 调查员，但有时候通往目的地的路不止一条。

如果以后你有机会来芝加哥这边，我很想和你见上一面。

劳伦斯·麦克法林

亲爱的麦克法林警官：

谢谢你分享自己希望在工作中应用科学工具的想法。当然，热门电视剧《犯罪现场调查》（*CSI*）和它的多部续集（《CSI：纽约》《CSI：迈阿密》《CSI：网络》）讲的都是利用科学手段破案的故事，不过他们在破案过程中通常需要处理一两具尸体，而且活着的人个个看起来都很光鲜。

就你个人的情况而言，我的建议可能有些出格……

你现在应该考虑的不是如何利用物理定律来完成警察的工作，而是去本地的社区大学学点儿物理定律、“物理学入门”之类的课程。你肯定知道，社区大学会提供适合在职人士时间安排的课程表，所以这可能是你最理想的选择。

学习运动、引力、力、加速度、惯性、热力学、光和电的过程中，你会自然而然地想到，该如何将这些知识运用到工作中。无论是车祸、酒吧斗殴、枪击还是你在工作中遇到的其他案件，肯定都会牵涉这些基本元素。

时常有律师请我根据照片上物体的影子推测拍摄时间（我的答案可能决定了被告人是否涉案）。要完成这项任务，你需要学点儿天文学入门方面的知识，不管你选择哪所学校，他们肯定也有这门课程，和“物理学入门”并列。

从某种角度来说，学习这些课程并完成作业，这个过程会缓慢地改变你脑子里的神经连接，最终让你学会运用经过大自然锤炼的调查工具。

如果你以前没有学过物理和配套的数学，那你可能觉得这些课很难。但是，如果只图轻松，我想你最初就不会选择警察这个职业。

祝你好运。我向你保证，你绝不会后悔自己学了这些课程。

最好的祝福。

尼尔·德格拉斯·泰森

天才学生

2004 年 10 月，我在肯特州立大学斯塔克校区做了一次特邀演讲。在演讲中我强调说，想在学业、工作或生活上取得成功，勤奋和进取心都不可或缺。讲座结束后的问答环节里，一位名叫布朗温的学生问我，从幼儿园到 12 年级，这个阶段为聪明孩子提供的天才教育有多重要？一周后，她又写了一封信给我，继续讨论这个问题。布朗温说，她自己刚上小学就被认定为“天才儿童”，所以老师一直不太理会她，因为知道她不用他们操心也能拿 A。鉴于自己的经历，她担忧的是，恐怕有不少天才学生无法完全发挥潜力。借此机会，我也拓展了一下自己的观点。

你好，布朗温：

谢谢你的总结和反思。

对于你的看法，我有几句话想说。

1. 如果班上的同学都很普通，仅有的天才儿童的确容易被老师忽略。不过据我所知（包括我亲眼见到的和听说的），只要能进入天才班，这样的孩子肯定会得到市 / 县 / 州提供的额外资源，以满足他们的需求。我说的是专门的天才项目或者天才学校，现在有很多这方面的资源。

2. 根据我的经验，要确定某个孩子是否拥有学业上的天赋，主要看的是他在智商测试、标准化考试和其他测试中的表现。如果学校的目标是培养合格的社会成员，那你只需要马马虎虎考及格就行了，分数无法决定你的未来。等你长大成年，找到第一份工作以后，谁也不会关心你的学分成绩、智商测试或 SAT 分数。你可以随便找个 30 岁以上的成年人，问问他们是不是这样。

3. 虽然我没有明确的证据，但我们不妨合理地假设，成年人的进取心和他的 GPA 成绩没有直接的关系。正如我说过的那样，如果只有优等生才有进取心，那么社会上那些最成功的人（企业家、律师、演员、笑星、运动员、建筑师、音乐家、政治家、将军、首席执行官、总统、市长、参议员、州长、社区领袖、作家、导演、制作人等等）肯定全都是（或者大部分是）那些在学校里一路拿 A 的人。但事实并非如此。所以，如果人人都可能拥有进取心，再考虑到拿不到 A 的人肯定比一路全 A 的人多，那么某些人（例如，恪尽职守的教育者）应该做的是寻找这些有进取心的人。或者设计一些课程来培养孩子们的进取心，这样更好。

4. 当然，你没有义务听从我的建议，但我认为，要想成为优秀的教育者，我们不妨思考一下，该如何评估进取心，又该如何培养有进取心的孩子。与其追捧所谓的“聪明”孩子，不如换个思路，这样对社会的贡献可能更大。

我希望，最起码我们可以用“勤奋”的标签替换掉“天才”，让勤奋者成为孩子们学习的榜样。这样一来,起码普通孩子有机会追逐这个目标，而不是束手无策地被排除在外。

祝你学业有成，职业发展顺利！

尼尔·德格拉斯·泰森

准确性

2004 年 9 月 25 日，星期六

通过《自然历史》杂志收件箱转发的电子邮件

亲爱的先生 / 女士：

我是美国学术十项全能竞赛的工作人员。去年，你授权我们在课程教材上刊登一篇名为《尘归尘》的文章，作者是尼尔·德格拉斯·泰森，这篇文章发表在《自然历史》杂志 2003 年 5 月号上。

自那以后，我们的一位指导老师多次抱怨说，这篇文章不够准确。我不想更正已经发行的教材，所以我非常希望你们的文章是对的，而指导老师是错的。

这位课程主管举了几个例子，其中一个如下：

你的文章说，太阳最终会变成一颗红巨星，然后“尺寸膨胀 100 倍”。我们的一位老师认为这是错的：太阳变成红巨星以后，它会吞没现在的地球公转轨道。目前地球轨道距离太阳 15 000 万千米，太阳的直径是 139 万千米。如果太阳的尺寸膨胀 100 倍，它的直径就会变成 13 900 万千米，也就是说，它的半径是 6950 万千米，还不到地球轨道半径的一半。

不知是否有人能解答他的疑惑。提前谢谢你们的时间和帮助。期待你们的回音。

真诚的，

特里·麦基尔南

亲爱的麦基尔南先生：

谢谢你的询问。你提出的问题非常重要，它不仅关乎我文章中的数据是否准确，更关乎天体物理学数据整体的准确性。

从数值的角度来说，天体物理学是一门特殊的学科，因为我们研究的天体和现象涉及的数据数量级跨度很大。比如说，恒星的年龄从几十万年到上百亿年不等，这主要和它们的质量有关，不过也会受到其他因素的影响。

不同的恒星温度也很不一样，“最冷”的恒星表面温度只有 1000℃左右，而最热的恒星核心温度可达近 10 亿摄氏度。

我们测量到的最长的无线电波波长以米来计算，但最短的伽马射线波长还不到千亿分之一米。

我们在日常生活中能测量到的大部分数据跨度没有这么大。商店打 5 折，某样东西是另一样东西的 2 倍大，某个物体的运动速度比另一个物体快3倍，或者某个容器能装的东西只有另一个的一半，我们从心理上认为，这样的差别就已经很大了。但在天体物理学的领域里，这种差别小得几乎可以忽略不计，要知道，我们测量的同类天体的物理量可能相差100倍、1000倍，甚至10亿倍。

讨论天体物理学的时候，除非某个数据会影响其他数值，否则我们不会特别强调它的精确度。一般情况下，过于精确的描述不但没有必要，而且很难得到理论或观察数据的支持。

大约50亿年后，太阳将会死亡，等到那时候，它会急剧膨胀，吞噬内层行星。事实上，我们很难说这个大火球的"边界"到底在哪里。抬头看看，卷积云的边界在哪里？你开车穿过一场大雾，它的边界又在哪里？地球大气层也没有确切的边界，所以人们可以挑选一个符合自身需求的值。正是出于这个原因，查一查不同（彼此独立的）资料对地球大气层厚度的描述，你很可能会找到几个大相径庭的答案，其实它们哪个都不能算错。

再举个例子，"太阳系有几颗行星"这么简单的问题也没有一个明确的答案。目前有6颗卫星比冥王星大，其中包括我们的月亮。不仅如此，外太阳系里还有几颗天体大小和冥王星差不多（差距在2倍以内）。[①] 所以重要的不仅仅是"多少颗"，还有"它们各有什么特性"，以及"它们有什么共同点"。

我们不妨再问问，艾萨克·牛顿是哪一年出生的？这个问题也没有确切的答案。根据牛顿母亲的说法和当时所有的记录，牛顿出生于1642

① 作者是在2004年写的这封信，2006年，国际天文联合会（IAU）正式定义了行星的概念，将冥王星排除出行星范围，划为了矮行星。

年 12 月 25 日。但那时候，英国（牛顿的出生地）用的是儒略历，今天我们用的是公历（由教皇格里高利于 1582 年引入），它和儒略历有 10 天的偏差，牛顿时代信仰新教的英国还没有采用这种历法。如果按照公历计算,牛顿的生日应该是 1643 年 1 月 4 日。这两个不同的答案都是合理的，牛顿的确出生在英国的圣诞节当天。

所以我最后想说的是，不管小学科学课本上怎么说、公众怎么想，事实上，科学最重要的任务不是得出正确的答案，而是提出正确的理念。我们可以通过一个虚构的例子形象地说明这个问题：要是让你在单词大赛上拼出“cat”（猫）这个单词，你回答说，“k–a–t”，裁判肯定会判你错,哪怕这个词的发音的确是“k–a–t”。问题在于,如果你拼成“z–w–q”，结果一样是被判错。我认为这是我们教育系统的短板，学校只教知识，不教思考方式。

所以在以后的科学竞赛里，你们应该设计一些问题，重点考查参赛者对科学的理解，而不是数据的准确性。这不仅能帮助下一代学生，还能提升整个国家的智力资本。

真诚的，

尼尔·德格拉斯·泰森

第十一章

为人父母

孩子在出生时没有随身携带使用说明。世界上有几百种必须预先取得资格证书才能从事的职业，但人们却指望毫无经验的新手父母能边做边学，成功养育一个健康、对社会有贡献的孩子。所以为了干好自己的工作，父母之间的交流显得尤为重要。有时候，通往成功的路上似乎有无穷无尽的挑战。

身陷囹圄

2016 年 5 月 15 日，星期日

通过美国邮政寄来的信件

亲爱的尼尔·德格拉斯·泰森：

作为两名精力旺盛的青少年的父亲，我写这封信是想听听你的建议，该怎样鼓励他们学习 STEM（科学、技术、工程和数学）。

目前我在圣昆廷监狱服刑，罪名是重大交通事故致人死亡，刑期 92 个月，预计将于 2019 年年底出狱。所以我和自己的宝贝孩子交流的机会相当有限，没有网络，通话不能超过 15 分钟，偶尔可以探视。我想鼓励孩子们学习科学和数学。考虑到他们对天文学的浓厚兴趣（其中一个孩子想当“第一个太空兽医”），我希望你能告诉我，有哪些资源、网站或组织可以帮助我的孩子成长、学习，尽可能地挖掘他们的潜力。

我的罪行带来了诸多后果，也从很多方面影响了孩子们，身在监狱，很多事情我鞭长莫及。但我仍然希望参与他们的成长。如果你能推荐一些资源，我将不胜感谢。

也许我的孩子可以去纽约拜访你。在父亲的安排下和一位著名的科学家见面，这将证明我一直爱着他们，对他们来说，这也是一次奇妙的冒险。

祝福你。

韦恩·博特赖特，CDC 编号 AN0094

加利福尼亚，圣昆廷监狱

通过美国邮政回信

亲爱的博特赖特先生：

为人父母的一大启示：如果你的孩子充满好奇心、积极进取，那么成人的干预固然可能助长他们的兴趣，但也可能浇灭他们的热情，正、反两种概率基本五五开。老话说得好，孩子出生的第一年，我们教他们说话、走路。可是在接下来的一辈子里，我们却总是叫他们闭嘴、坐好。

我还有个让我们大家都很失望的消息：不断有研究表明，父母对孩子最终的性格影响甚微。

以你家孩子的年龄来说，他们肯定擅长使用互联网。在媒体的宇宙里，NASA 不是什么隐秘之地，YouTube 上也有很多趣味十足的科学视频。所以我毫不怀疑，你的孩子肯定能跟上科学的前沿进展，具体取决于他们有多大的兴趣。

关于太空兽医的梦想，我不知道还要过多久我们才会把宠物或家畜送上太空。不过等到那一天，太空应该已经成为常规目的地，我们可能需要大量太空兽医。

与其将纽约作为孩子们下一次旅行的目的地，不如等到你出狱以后再说，也许你可以亲自带他们来。你的身影将留在他们对这次旅行的记忆中。

如果你们近期无法实现这场旅行，其实我也经常去加州做公开演讲，旧金山是我最忠诚的粉丝基地之一。如果有机会和你的两个孩子见面，我将不胜欣喜。

在那之前，请和往常一样，多抬头看看吧。

尼尔·德格拉斯·泰森

又及：因为在狱中表现积极，韦恩·博特赖特获得了减刑，提前500天离开了监狱。出狱后，韦恩建立了一个名叫“圣昆廷新闻组”的脸书群组，他自己也成了狱友的榜样。

假装

2009年3月23日，星期一

亲爱的尼尔：

我希望我的儿子像你一样，所以我必须假装自己和你完全不一样。

谢谢你树立的聪明人标杆，这简直帮了我的大忙。

一名弱小的天文学学生，

道格·菲迪尼克

亲爱的道格：

乐意效劳。

尼尔·德格拉斯·泰森

星夜

2009 年 3 月 24 日，星期二

亲爱的尼尔：

小时候，爸爸会带着我爬上家里那辆绿色大旅行车的车顶，仰望夜空。我们一起寻找星座，我还会自己编造星座。“肥霍比特人”是我的最爱，我从未停止仰望。现在，我爸爸要搬来和我一起住。我没有旅行车，倒是有一台很棒的望远镜，我用它“蛊惑”别人仰望。等到爸爸搬过来，我们又可以一起出去了。就我们俩，一起看夜空。

利德尔·科略多

亲爱的利德尔：

谢谢你分享自己感人的回忆。

给你星空穹顶下最美好的祝福。

尼尔

在家上课

为了确保课堂上讲授的知识符合《圣经》对自然世界的描述，很多基督徒父母选择自己在家里给孩子上课。但他们的讲述往往会和已经得到公认的科学知识发生冲突，尤其是演化生物学和宇宙起源这方面的内容。丽莎·麦克林生活在一个宗教氛围浓厚的社区，现在她在家给女儿上课，但宗教课程和科学发现的冲突令她左右为难。2005 年 8 月，她问我在教育自己孩子的时候如何处理这些矛盾。

亲爱的丽莎：

谢谢你的坦率。

你问我怎么教孩子，我的答案是，我并不担心孩子们会学到什么样的知识，相比之下，我更看重他们会养成什么样的思考方式。在所有的教育目标中，这可能是最高的一个，因为在人生中所有的关键时刻，你的思考方式比知识更重要。

思考方式很难传授，而且需要师生双方都付出更大的努力。最重要的是，你得鼓励孩子提出问题。你需要坦然承认自己的无知，如果当时你的确不知道某个知识点。除此以外，你们还要多做实验，寻根究底。

我不会教孩子们磁力是什么，只会给他们一袋磁铁，让他们自己去玩。

我不会教孩子们离心力的定义，只会带他们去游乐园，和他们一起坐旋转游乐设施。

我不会教孩子们化学，只会问他们，你们有没有试过将烘焙苏打和柠檬汁混合在一起？（这两种物质的组合会引发激烈的化学反应，你可以和女儿一起试试。）

如果他们的手电筒不亮了，我不会说，“它需要换电池了”，而是说，“我们来测试一下，看看电池还有没有电”。然后我们把电池放进测试仪，亲自动手研究。

如果他们问了一个我答不出来的问题，我会说，“我们一起来看看”。然后带着他们翻书、上网，寻找答案。

如果他们在没有证据的情况下相信某件事，我会问他们，“你为什么会相信这个”或者“你怎么知道事情是这样的”。

举个例子，现在我的女儿渐渐开始不相信牙仙的故事了。她觉得牙仙从头到尾都是爸爸妈妈假扮的。她和同学们热烈讨论了一番，最后决定做一个实验来验证自己的想法。下次如果有谁的牙掉了，他或她不会告诉自己的父母，而是自己悄悄把牙齿带回家，藏到枕头底下。真的牙仙肯定能发现这件事，但父母却不会。如果早晨起床的时候，枕头下面没有钱，那么实验结果表明，牙仙很可能并不存在。这个例子很好地说明了思考方式比知识更重要。

至于你直接提出的那几个问题，迄今为止，大爆炸是最成功的宇宙起源理论，它赢得了天体物理学家的一致认可。现在我们已经将目光投向了其他问题。很多人觉得科学家会不断用新的真相推翻以前的“真相”，但事实并非如此。现代科学以实验为基础，成功的理论背后必然有数据支持，所以已经得到公认的理论绝不会突然被全盘推翻。最糟糕的情况下，原来的理论会被纳入另一个更大、更有说服力的理论框架。所以，大爆炸就是大爆炸，这套理论可能一直保持现状，也可能被纳入另一套更宏大的宇宙学说。

顺便说一句，人们常说宗教典籍“揭示了真理”，虔诚的信徒更是觉得典籍神圣不可动摇。但在人类文化史上，这种想法带来的只有麻烦，尤其是两个不同的宗教团体对“真理”的诠释出现冲突的时候。

所以，我个人认为，与其教孩子们“真理”，不如让他们学会“研究”，或者“探索”，这样更好。

向你和你的家人致以最美好的祝福。

尼尔

聪明得吓人

2009 年 7 月 22 日，星期三

亲爱的泰森博士和其他好心的聪明人：

我儿子杰克[①]患有阿斯伯格综合征，但他聪明得吓人，我觉得他很可能成为下一个爱因斯坦，这正是他的小名。现在我正在四处联系那些特别聪明的科学家，希望他们能帮助杰克发展天赋。杰克会说的词和迷恋的事情主要包括：汽车、核聚变、生物科技、粒子加速器、暗物质、反物质、虫洞、黑洞、纳米机器人、治病的良方，还有很多很多氢！我无力滋养他的头脑。在公立学校的环境里，他的智力简直鹤立鸡群。

① 此为化名。

我非常渴望杰克能和其他人建立联系。但要是周围的人不在乎、不理解或者不相信他说的话，我的愿望就不可能实现。杰克快满15岁了，孤单、无力感和自我挣扎让他陷入了严重抑郁的边缘。想到他可能永远没有机会为这颗星球做点儿大事，我感到非常悲伤。

杰克的妈妈

亲爱的杰克妈妈：

准阿斯伯格综合征患者在物理学界并不罕见，在化学、物理学、工程学、天文学、地质学等诸多科学领域，智力发展比社交才能更重要。

再进一步考虑到，在我的研究领域里，几乎所有专业的研究者成绩都很好。我们系可能有三分之一到一半的人是在高中毕业典礼上致辞的最佳毕业生。这些同学的主要知识储备基本都不是在学校里学到的，而是来自他们在家里读的书——也就是自学。我也是自学成才的。所以，想让公立学校提供更多资源满足孩子的需求，这条路可能行不通。如果不能上私立学校，你能为孩子提供的最理想的条件可能是不限制他接触任何书籍，让他随意上网。

你肯定知道，如果愿意定期光顾书店折扣区，那你不用花多少钱就能打造一个不错的家庭图书馆，几美元就够买一本书，不管哪个学科。

除了这些办法以外，根据我个人的经验，你的任务肯定不算轻松，但绝不是毫无希望。

祝福你。

尼尔

一半黑人血统

2009 年 3 月 23 日，星期一

亲爱的泰森博士：

我想带孩子去纽约，想激发他们对科学的热爱。为了帮助我完成这个目标，我希望你能提供一些建议，我该在什么时间带他们来，才能达到最佳效果。我想唤醒孩子学习科学的热情，而不是害怕或鄙夷一切与科学有关的东西。

另外，考虑到我的孩子有一半黑人血统，我希望他们能以你为榜样。他们常常在电视和网络上看到黑人身份不利的一面，我想引入一些积极的东西来抵消这些事的负面影响。

所以，你觉得我该在什么时候带他们来纽约，以便激发他们的小灵魂对科学的向往？

凯西 · L. 琼斯

亲爱的凯西：

我有个不太正统的想法：人们大大高估了榜样的作用。或者说，不同的人需要不同的榜样。我发现，在如今这个年代，想靠相同的肤色来激励孩子，效果往往适得其反。根据肤色给孩子挑一个榜样，可能反而会限制他们对自己未来的想象。

你当然可以带孩子来拜访我，但我的肤色不是重点；我是一位科学家兼教育家，你重视孩子的科学素养，这才是问题的关键。

真诚的，

尼尔 · 德格拉斯 · 泰森

《圣经》故事

2017 年 2 月 26 日，星期日

亲爱的泰森博士：

我之所以想给你写这封信，是因为我和 10 岁的儿子讨论了一些问题。遵循祖辈的传统，我们把孩子送进了希伯来语学校，好让他了解自己的宗教，明白自己来自哪里。但是，昨天晚上，儿子（顺便提一下，他有自闭谱系障碍）对我说，希伯来语学校太荒唐了，因为他根本不信上帝，只相信科学。他认为《圣经》故事不可能是真的。事实上，我无法否认，他的确有可能是对的。

我问他这些想法是从哪儿来的，他说，"宇宙"。所以我知道，他相信并尊重你传授的知识。（我为此表示感谢！）我的问题是——科学和《圣经》能不能共存？你觉得我们头顶是否有可能存在一个更高的力量？或者说，科学和信仰可不可能达成共识？

我之所以提出这些问题，是因为我尊重自己的儿子，他有权决定自己的信仰，我不想强迫他相信任何无法被证实的东西。我知道你是个大忙人，但我只想努力做个好家长。

非常感谢你抽出时间读这封信。

真诚的，

英格丽德·格罗

2018 年 3 月 30 日，星期五，逾越节

亲爱的格罗女士：

你的邮件很有见地，请原谅我这么晚才回信。最近宇宙让我一直脱不

开身，但我终于看完了所有电子邮件。

在一个自由国家里，只要不越界，你就有权按照自己的意愿养育孩子，选择信仰。正是出于这个原因，世界上大部分信教的人都继承了父母的信仰。基督徒养大的孩子变成了穆斯林，或者在穆斯林家庭里长大的孩子信了犹太教，这样的事情非常罕见。孩子完全不信上帝的概率都比选择另一个宗教高。

所以，你想把儿子培养成一个和你自己一样虔诚的犹太教教徒，这真是再正常、再自然不过了。不过当然，你最多只有 18 年时间可以直接对他施加影响。你的儿子将在另一片屋顶下度过一生中超过 80% 的时间。

以我个人的经验来说，犹太教具体的实践跨度很大，有些大胆的犹太教教徒连培根都敢吃，也有正统派犹太教教徒坚持严格区分盛放乳制品和肉类的厨房器皿。作为一名科学家，我认识的犹太人以无神论者为主。在他们眼里，《妥拉》并不是上帝的语录，而是一本故事书，你不必追究它的真假，只需要知道，它是一座充满生活智慧的宝库。

想想看吧，阅读童话故事的时候，我们不会判断它的真假，只会将故事里的经验教训融入自己的世界观。不仅如此，重要的节日里，无神论犹太人也会像虔诚的犹太教教徒一样履行传统仪式，比如说，在逾越节的餐桌上给以利亚留一个空座位，确保前门没有上锁，好让他畅通无阻地走进来，如果他真的出现的话。

既然不信上帝，他们为什么还要这样做呢？答案很简单。仪式和传统是世界上最牢固的人际纽带之一。天主教徒会在星期日望弥撒，穆斯林一天要祈祷五次，信奉万物有灵的宗教会崇拜祖先。举行传统仪式的时候，你完全不必理会它背后的传说是真是假。参与仪式这个举动本身就能带来认同感，而社群的认同感对文明通常有益无害，除非你以武力胁迫他人遵从自己的仪式。

考虑到你儿子是谱系患者，他又那么喜欢科学，你最好不要强迫他接受宗教色彩过于明显的东西，而是潜移默化地引导他欣赏这门宗教美好的传统，告诉他，仪式是社群的种子和根基。对自闭症儿童的家长来说，这本身就是一个巨大的挑战——让他们认识到爱的价值，学会热情待人，珍惜良好的人际关系。

请放心，就算你的儿子不相信摩西能把手杖变成蛇，或者天降吗哪，他也一样可以做个健康、聪明、遵纪守法的孩子。

祝你好运。以我个人的经验，你的确需要一点儿运气。

祝你和儿子逾越节快乐。

尼尔·德格拉斯·泰森

第一台望远镜

2009 年 7 月 18 日，星期六

亲爱的泰森教授：

我想我应该给你讲这个故事，你大概会是这个世界上最能理解我的人之一。如果我想错了，那我十分抱歉。

我发现自己花在望远镜上的时间太多了，于是决定处理掉我那台 2003 年款的米德牌 60 毫米口径折射望远镜。亚利桑那州的图姆斯通是个小地方，想在这里卖掉一台望远镜，买家愿意出的价可能还不够付广告费。所以我在邮局里贴了张告示，“免费送给10—17岁的孩子，需有父母陪同”。哪怕说了“免费”，我也等了足足5天才接到了一个电话。

打电话的父亲带着12岁的女儿来了我家。我给他们演示了望远镜和控制台的操作方法，自始至终，那个孩子的眼睛一直瞪得像车头灯一样大。我甚至送了她一本多余的H.A.雷伊著作《群星》——1955年，我父亲送给我的第一本天文书就是它。女孩瞪大眼睛，笑得开心极了。

我没有孩子，所以在今天的那个瞬间，我看到自己错过了什么。而那个小女孩，她将有很多个瞬间可以看到一个新的宇宙。

真是一笔公平的买卖。

M.J.“摩格”·斯特利

亲爱的摩格：

在合适的时间以合适的价钱将合适的望远镜送到合适人的手里，这真是再好不过了。

尼尔

结婚30周年快乐

1982年8月16日

写在羊皮纸上

亲爱的爸爸妈妈：

这个月我将拿到我的天文学硕士学位。

这是我取得的一大成就，要是没有你们，我根本不可能走到这一步，你们是我这辈子认识的最最温暖、最关心我、最讲道理的人。

我的性格、脾气、学识和世界观里最核心的元素都源自你们。

在我23年的宇宙征程中，你们始终鼓励我脚踏实地，提醒我关注老人、跛子、盲人和社会上的其他弱势群体。

除此以外，你们对我的兴趣毫不吝啬地包容。

为了一睹“那个镜头”的丰采，你们愿意长途开车接送，帮助我把望远镜搬上车又搬下车，搬去野外又搬回来，搬上楼又搬下楼。

生活带领我去过很多地方，从布朗克斯22楼的天台到孔雀农场的雪圈[①]，从莫哈韦沙漠的平原[②]到洛克山巅[③]，从布朗克斯科学高中到哈佛大学

---

① 我上7年级的时候，因为爸爸要去肯尼迪政府学院工作一年，我们从纽约的公寓搬到了马萨诸塞州列克星敦私人转租的一幢房子里。我们住的那条路名叫“孔雀农场路”。冬天，一场暴风雪过去以后，我在后院里铲出一条路，在雪地里清理出一个圆圈，来安置我的第一台望远镜。

② 8年级升9年级的那个夏天，我参加了一个面向初高中天文爱好者的夏令营。我们在南加州的莫哈韦沙漠扎营，每天晚上透过一排排望远镜观察清澈的夜空。

③ 得克萨斯大学奥斯汀分校是麦克唐纳天文台的业主和运营方，这座天文台位于西得克萨斯的洛克山山顶。这份献给父母的祝词写于1982年的夏天，还在念研究生的我正在这座天文台观测。

天文台，再从贝尔电话实验室[①]到得克萨斯大学奥斯汀分校。毫无疑问，无论何时，你们一直在前面引导我，在背后支持我，在身边爱着我。

未来三十年[②]，愿你们继续携手前行，共度人生，就像你们携手和我共度的这段人生一样。

祝结婚三十周年快乐。

尼尔

① 大三升大四的那个夏天，我在新泽西美利山贝尔电话实验室的材料科学部门实习。

② 在那之后，我父母的婚姻继续维系了34年，直到我父亲在88岁时去世。

第十二章

反击

有时候你就是不得不反击。

努力达标

我女儿上的高中也是我的母校。2012年秋天，女儿上了高三，她想学大学微积分，但她从没正式上过微积分预备课，数学系认为这是必要的前置课程。校长给我写了一封措辞严厉的信，他说，学校想完成教学任务，就离不开分班考试制度，只有这样才能确保学生始终学有余力，从而以高分考进大学。

他们肯定觉得，有谁会反对这样的目标呢？但我偏偏就反对了。

致布朗克斯高中校长：

谢谢你的来信，你在信中说："我们的职责是保护你女儿的GPA成绩。"

这很高尚。但根据我的人生经验，这不是最高尚的目标。作为一名科学家、教育家，也作为一位父亲，我愿意换个说法：

我的职责是保护她对学习的兴趣。

真正热爱学习的孩子永远不会止步，但GPA进入大学以后就用不上了，而且和她未来的生活完全无关。

我的女儿喜欢数学，现在她想跳过预备课，提前一年学习微积分。她事先想到了自己的程度可能不够，所以在暑假里自学了预备课的内容。但你们的规定却有效地阻止了她的努力。

学校粗暴地制止学生跳班学习更深的课程，我不知道这样的事情什么时候变成了惯例。尤其是考虑到，在我们这个年代，提升女生对 STEM 科目的兴趣是国家的当务之急。大部分学校里的大部分学生都是挑最简单的课来上，当然，他们这样做是为了保护自己的 GPA。我不得不指出，我自己高中时的 GPA 成绩相当普通，所以从来没有哪位老师评价过我能不能"做出一番事业"。但我热爱学习，对我来说，这份热爱自有价值，我选择的大学也看重这份热爱，哪怕我的高中老师并不在乎它。

我们谁也不能确切地预知，她在微积分预备课分班考试上能拿多少分。但是，请容我斗胆建议，考试成绩可以作为参考，帮助老师确定每个孩子能接受的课程难度，但却不适合作为门槛，好让你们将那些分数不够的孩子拒之门外。

你不必担心我女儿的 GPA，也不必担心她会选哪所大学，或者说哪所大学会选她。与其担心这些，不如关心一下她会长成什么样的大人。因为我们在意的是，她所在的高中能不能提供良好的学习环境，而不是用一堆规章制度压抑孩子"做出一番事业"的冲劲。

如果我女儿在分班考试中的成绩不理想，那么作为校长，你不应阻止她跳班学习，但或许可以极力建议她先打好基础。如果她不听劝告，执意要学，那你应该支持她的抱负。就算你做不到，或者觉得这不符合你的教育理念，你也应该知道，不是每个孩子都拥有一对精通微积分的父母[1]，所以她在这门课程上的进展是你最不需要操心的事情。

真诚的，

尼尔

又及：作为妥协，学校给我的女儿安排了一次微积分预备课分班考试。我们不知道她的考试成绩，但校方最终同意她跳过预备课，直接上微积分课程。在期末的进阶先修考试中，她拿到了 5 分（最高分）。

B.o.B. 和地平说

当红说唱歌手 B.o.B.（小鲍比·雷·西蒙斯）公开宣称，他相信地平说。2016 年年初，他在社交媒体上发表了自己的观点。我一般不会理会这种闹剧，但他声称地平说经得起数学和物理定律的检验，这吸引了我的注意力。在技术宅的世界里，这些话无异于宣战书。

2016 年 1 月 27 日，星期五

致说唱歌手 B.o.B. 的语音信件

通过 喜剧中心频道《拉里·威尔默夜间秀》播送

① 我的妻子拥有数学、物理学博士学位。

听着，B.o.B.，我最后说一遍，地球之所以看起来是平的，原因是：

1. 相对于你的个头来说，你看得不够远。

2. 相对于地球，你的个头太小，所以你看不出地球表面的弯曲；生活在大曲面上的小生物总觉得自己周围的世界是平的，这是微积分和非欧几何的基本常识。

但这件事反映出了一个更大的问题：这个国家反智的趋势越来越明显，这可能意味着我们的知情民主制度正在开始走向终结。当然，在一个自由的社会里，谁也无权干涉你的想法。你想相信地平说，那也是你的自由。但是，如果你相信地平说，并且向他人宣扬这一想法，那么你的行为就从错误变成了有害，这可能损害我国公民的健康、财富和安全。

发现和探索让我们走出了洞穴，每一代人类都受惠于前人积累的知识。艾萨克·牛顿说过，“如果我比别人看得远，那是因为我站在巨人的肩膀上”。他说得没错，B.o.B.，要是你能站在前人的肩膀上，那么也许你能看得远一点儿，远到足以让你意识到，地球真不是平的。

顺便说一句，这叫引力……

马的天体物理学家

爱达荷福尔斯有一位保守派广播节目主持人，他也是当地的报纸记者兼知名博主。2016 年 8 月，他平白无故地发表了一篇文章，语带讥讽地对我进行了全方位的批评，这篇文章的题目叫作“尼尔·德格拉斯·泰森是一位马的天体物理学家”。全文充斥着尖酸的措辞，政敌在社交媒体上狭路相逢时倒是常常这样毫不留情地互相攻讦。他给我贴上了“自由主义无神论者”的标签，质疑我的学术地位，以及我对气候变化的看法。他还批评了我的一条推文，当时我说，我国在奥运会上拿到的奖牌看起来似乎不少，但要是算一算人均奖牌数，一些小国都能踢爆我们。他认为我的这种言论和其他诸多自由主义倾向都是在抹黑美国。这位先生名叫尼尔·拉森，我的回复是他这篇文章收到的第一条评论。

2016 年 8 月 23 日，星期二

评论列表

你好，尼尔：

首先，你连我的名字都拼错了，但我选择原谅你。

第二，更重要的是，我不介意被贴上“马的天体物理学家”这个标签（我知道你想干什么），前提是你说的全是真话。所以，现在我们的当务之急是滤掉你文章中的虚假信息，然后再评估你该给我起个什么绰号。如果我真的只配当“马的天体物理学家”，那随你怎么叫都行。

1. 仅供参考：如果某些东西乍看之下显得十分重要、特别、令人自豪，或者拥有类似的特质，那你最好多看一眼，这是宇宙视角的核心思路。奥运奖牌数就是个很好的例子。事实上，讨论奖牌数量的时候，我们应该充分考虑到各国 GDP（国内生产总值）和人口数量的影响，这样才更合理。经过加权的数据能更好地反映一个国家在高水平运动方面的投资是否产生了应有的效果。虽然我的推文只提到了人口数量，但我真正的目的是半开玩笑地指出，我们本来应该获得更多奖牌。

2. 我是一个不可知论者，而且我坚决反对别人叫我无神论者，网上有很多视频可以证明我一贯的立场，其中一条视频甚至被播放过 300 万次。

3. 否认人类引发气候变化的人往往偏听偏信得厉害。不管你的政治立场是自由派还是保守派，气候变化都是客观的事实。但你可以说，在这个问题上，那些希望保护环境的人才是真正的保守派。

4. 你用“自由主义”来定义我的政治立场。但我从未公开表达过任何政治倾向，所以你很难给我贴上自由主义的标签。否认气候变化的人偏听偏信与相信疫苗会导致自闭症的人也好不到哪儿去，哪个政治阵营里都有反科学的人。

5. 我曾三次被乔治·W. 布什总统任命为顾问委员会委员，为他提供关于未来美国航天业、NASA 事务、年度总统科学奖章获奖人选等方面的建议。所以，虽然你不赞同我的意见，但其他保守派人士和你的立场不尽相同。

6. 最后，作为一名科学家，我的研究成果不是什么秘密。你可以轻而易举地在我的个人网页上找到我全部作品的列表。

所以，先把你文章里的这些内容改一改（或者干脆删掉），如果剩下的部分还能让你给我戴上“马的天体物理学家”这个头衔，那我说话算话，悉听尊便。

敬呈台鉴。

尼尔·德格拉斯·泰森，于纽约

又及：收到我的回复后，尼尔·拉森在公开场合和私下里都向我表示了歉意，从那以后，我们经常通过电子邮件交流。他主持了一档名叫《尼尔·拉森秀》的广播节目，偶尔也和往常一样给报纸写写专栏。

别大惊小怪

2017 年 8 月 7 日，我发了一条简短的推文：

牛是人类发明的一种将草转化为牛排的生物机器。

这条推文发出去以后，著名音乐家莫比（他是一位素食主义者）通过他的照片墙（Instagram）账户对我冷嘲热讽了一番。

来自 照片墙

有时候你心目中的英雄会伤透你的心。尼尔·德格拉斯·泰森，你是认真的吗？你竟然发了这样一条推文，毫不在乎每年被人类杀死的数千亿头动物所经历的无法言说的痛苦？你不会不知道吧，热带雨林被砍伐有 90% 应该归咎于畜牧业，这个行业对气候变化的贡献更是高达 45%。世界卫生组织和哈佛医学院都说过，动物产品占比过高的饮食习惯会导致心脏病、癌症和糖尿病。作为一位聪明的物理学家，尼尔·德格拉斯·泰森，你说起话来倒像是愚昧无知的反社会人士。

莫比

我的回答……

2017年8月18日，星期五

脸书发帖

莫比 对阵 泰森

我那条关于牛的推文的确揭露了一个明摆着的现实：牛不是机械机器，而是生物机器。这台机器只有一个目标（如果算上产奶的话，那就是两个）：吃草（当然还有其他饲料），长大，最后被屠杀、送上餐桌。一般来说，没人会把牛当成宠物来养。牛不会拯救陷入麻烦的人，也不能帮助残障人士。值得一提的是，没有野生的牛，确切地说，牛不是一个野生物种。一万年前，农夫将一种长得很像牛的动物（原牛，现已灭绝）驯化成了与人类文明共生的牛。

所以，我的推文100%真实、准确。它激起了强烈的反响，我知道，大家预设我发推文是为了说服他们认可我的观点。但这条推文根本没有任何立场。有趣的是，只有一小部分人对这条推文做出了负面的响应，他们认为人类对待动物的方式过于邪恶，我们应该停止这种恶行。

我注意到，几年前，在一场可怕的校园枪击事件之后，我也发过一条没有立场的推文，当时的情形和现在何其相似：

美国最大的枪械零售商是沃尔玛，你可以在超市里买到突击步枪，但公司政策却不允许流行歌里出现骂人的话。

这条推文收到的回复让我大开眼界。人们预设我是一个逼迫别人认可自己的专家，他们以自己的方式愤怒地诠释我的推文，大肆批评我的意图。这些回复大体分为势均力敌的两派：一派觉得我是在维护（或者攻击）自由市场和第一修正案对言论自由的保护；另一派则认为我维护（攻击）的是第二修正案对持枪自由的保护。只有一小部分人（可能有20%）就事论事，他们的回复大体是这样的，“谢谢，我从来没想过这两件事如此矛盾”！

如果真有人关心我的意见，那么我想说的是，在一个以自由为本的国家里，政府对公民的控制必然遭到抵抗（美国的情况就是这样），既然如此，与其试图说服1亿人改变自己的行为，想办法解决问题可能更容易一些。比如说，我们可以在实验室里制造肉类蛋白质（这方面的研究已经有了很大进展），让人们吃到牛排的同时不必伤害任何活物——我主持的电视节目《星星说》就有一集讨论过这个问题，那集节目很受欢迎，当时邀请的嘉宾是独一无二的天宝·葛兰汀和人道协会副会长保罗·夏皮罗。

所以，对于那些会被客观事实激得暴跳如雷，甚至对说出真相的人恶语相向的网友，我实在不知道还能说些什么。但确凿无疑的是，如今这个世道，不同的意见引发的往往是骂战，而不是对话。

尼尔·德格拉斯·泰森

于纽约

又及：后来莫比道歉了，他说自己在照片墙上发的帖子“苛刻得没有必要”。

闪远点儿，德格拉斯

2009年8月，恩津加·沙巴卡指责我保留了（并继续使用）自己名字里的法语中间名。出于非洲中心主义的立场，她无法容忍这种行为，因为她认为，殖民色彩的名字是非裔美国人社区低自尊的源头。我选择针锋相对，我的回复清晰地表明了这一立场。

亲爱的沙巴卡女士：

谢谢你替我操心，但我仍相信莎士比亚的格言：

“玫瑰即使换个名字，

也依然芬芳。”

我希望生活在一个重视实质甚于标签的社会里，为了达到这个目标，我们每个人都应该努力工作。

给你最美好的祝福。

尼尔·德格拉斯·泰森

好莱坞之夜

1998 年 7 月 22 日，星期三

《纽约时报》专栏

如今纽约的抢劫犯日渐稀少，城市越来越安全，好莱坞倒是一次又一次用怪兽和流星唤醒都市观影人对末日的恐惧。不过，不同于浪漫喜剧和动作冒险惊悚片，大部分灾难电影会在故事线里插入科学元素。致命的病毒、失控的 DNA、邪恶的外星人、可能毁灭地球的小行星，这都是近年来电影里的常见题材。不幸的是，电影里的科学内容常常让人出戏。

难道只有我在乎这件事吗？

我说的不是简单的穿帮，比如说古罗马的百夫长正好戴了一块手表。这种错误只是疏忽而已。我在意的是因为愚昧而产生的漏洞，就像把落日的镜头倒过来放，假装拍的是日出。但日出和日落并不是简单的反转。拍电影的摄像师就不能赶在日出之前起床，去拍摄真实的镜头吗？还有，电影里的流星为什么砸得那么准？地球表面 70% 的面积是水，超过 99% 的面积无人居住，但在今年夏天的一部电影里，从天而降的流星却精准地削掉了克莱斯勒大厦的“脑袋”。

我还想问，既然詹姆斯·卡梅隆愿意花时间打磨《泰坦尼克号》的每一个细节，从铆钉到特等舱，再到餐具，那他拍出来的夜空为什么是错的？其实电影里的夜空已经很接近真实了。在那个宿命的夜晚，北冕座的确应该出现在“泰坦尼克号”上空，但星星的数量却不对。更糟糕的是，左半边天空完全是右半边的镜像。所以“泰坦尼克号”里的宇宙不光是错的，还很懒。

但这到底是为什么呢？我敢打赌，他们肯定对电影里的服饰进行过深入的研究，以求准确还原当时的风貌。要是片子里有人戴着彩色串珠，身穿喇叭牛仔裤，头顶非洲爆炸头，观众肯定会大声抱怨，说卡梅隆没做功课。难道他们的诉求就比我的更正当吗？

我抱怨的不仅仅是好莱坞。纽约大中央车站天花板上那些壮观的星星又是怎么回事？他们不肯承认天花板上倒转的星座是画错了，反而在装修期间的大厅里挂了块牌子，上面写着：“有人说天花板上的星座是倒着的，但事实上，我们画的是从太阳系外看到的景象。”可是为了掩盖第一个错误，他们又犯下了第二个错误：不管你站在银河系里的哪个位置观察，地球夜空中的星座都不可能倒过来。就算你离开太阳系，在群星间翱翔，地球上空的星座也只会变得越来越杂乱，最终完全无法辨认。

这个社会需要的是科学批评家。为什么批评家只能说“角色可信度不高”或者“色调元素与布景设计营造的情绪格格不入”？我想听到这样的批评意见，哪怕只有一次：“飞碟不需要跑道灯”（《第三类接触》就是这么拍的），或者“月相变化的方向错了”（《爱就是这么奇妙》），又或者“要是哪颗小行星有得克萨斯那么大，我们两百年前就该发现它了”（《世界末日》）。等到这一天到来，公众或许才会开始重视物理定律在日常生活中的地位。

如果你想写书、拍电影或者参与公共艺术项目，如果你希望自己的作品真实自然，那我建议你找个离你最近的科学家聊聊。如果你想在虚构作品里“科学地”扭曲自然规律，我希望你先弄清真实的世界应该是什么模样，而不是凭空编造一条故事线。你也许会惊讶地发现，现实的科学能为你的故事增添不少东西——无论你是否想在艺术作品里摧毁这个世界。

尼尔·德格拉斯·泰森

于纽约

后记

算是悼词

写给爸爸的信[①]

2017年1月21日，星期六

再次回顾

亲爱的爸爸：

谢谢你在一生中通过日常点滴传给我的智慧。请允许我分享其中对我来说最重要的一部分。

我永远不会忘记，你高中体育老师的故事。那位老师斩钉截铁地说，以你的体形根本不可能成为优秀的田径赛跑运动员。你是怎么回答的呢？“谁也没资格告诉我，有什么事是我做不到的。”你毫不犹豫地选择了跑步，1946年，你还在希特勒修建的柏林体育馆参加了“军人奥运会”。当时“二战”刚刚结束，满目疮痍的世界还没有做好举办传统奥运会的准备，所以参与这项特殊赛事的运动员都是驻扎在全世界各个战场的军人。上大学的时候，你已经成了世界级的中距离赛跑运动员，甚至在600码赛跑中取得过世界第五名的成绩。以你为榜样，我战胜了那些最顽固的反对力量，实现了自己的抱负。

---

① 基于一份致亲友的悼词改编，圣三一天主教堂，纽约。

我永远也不会忘记，你最好的朋友约翰尼·约翰逊的故事。他也是一位田径明星，曾在比赛中和纽约体育俱乐部对抗。当然，那时候纽约体育俱乐部只接受盎格鲁－撒克逊白人新教徒运动员，所以黑人和犹太人运动员只能另起炉灶，自己建立了先锋俱乐部。400 米的赛跑进行到最后一圈时，约翰尼领先了纽约体育俱乐部的运动员好几步，就在这时候，他听见对手的教练冲着场上大喊："追上那个黑鬼！"约翰尼的回应简单而直接："这个黑鬼他可追不上！"接下来他一路领先，直至终点。如果这件事发生在今天，那大概只能算轻微的冒犯，但在当时，"黑鬼"的称呼却足以刺激约翰尼追求卓越。在这件事的激励下，我抓住了生命中每一个类似的机会，最终得到了超乎预期的成果。

你说我的奶奶刚移民到美国时是一名女裁缝，爷爷则是食品服务公司"霍恩和哈达特"的守夜人。这是一份好工作，因为当时大家手头都不宽裕，爷爷偶尔可以把剩下的食物带回家。你讲的种族冲突故事里没有仇恨，也没有偏激。恰恰相反，那些故事总是充满希望和启迪——它们审慎地传达了一种信心：社会正义的弧线必将朝着正确的方向不断倾斜。我带着这份愿景度过了生命中的每一天。

你上学的时候非常用功，为了追求社会正义，你去了纽约市人力资源管理局，在林赛市长手下做了一名理事。记者不会报道不曾发生的新闻，但在动荡的 20 世纪 60 年代末，你在市中心推行的项目安抚了许多年轻人，将可能发生的暴乱和骚乱控制在最温和的程度。显而易见，当时的纽约比沃茨、纽瓦克、底特律、辛辛那提、密尔沃基平静得多，更别提芝加哥、华盛顿特区和巴尔的摩，这几个地方的情况最为严峻，政府不得不调集联邦军队去平息暴乱。你做的都是幕后工作，所以你得到的唯一奖赏是，自内战以来美国历史上最动荡的那几年里，我国最大的城市没有烧成一片火海。你努力去做正确的事情，毫不在乎能不能出风头，我们每个人都应该以你为榜样。

你的故事激励着我，你对人、政治、资金流和机构遗产的洞见也让我受益匪浅。在你的启迪下，我白手起家，在美国自然历史博物馆成功打造了一个全新的天体物理学系。你教导我，在生活中不应满足于做正确的事情，还得追求看得见、摸得着的效益。有鉴于此，现在我认为，这个天体物理学系的建立是我职业生涯中最高的成就之一。

所以，爸爸，这封“感谢信”和悼词只是将我一直潜藏于心的感激之情公开说了出来：感谢你赐予我追求完美的指导方针，并教导我在可能的情况下尽量减轻他人的苦难。

我知道我会想念你，因为现在，我已经开始想你了。

尼尔·德格拉斯·泰森

1927 年 10 月—2016 年 12 月

致谢

感谢我的文学经纪人 B. 勒纳，在这个项目进行的过程中，你始终如一地热情地支持着我。感谢 L. 马伦，感谢你坚持不懈地整理记录资料，为本书提供了必要的原始材料。还要感谢我办公室的助理 M. 甘巴尔代拉和 E. 斯代丘，你们每次都坚定地站在我身后。感谢我的编辑，诺顿出版公司的 J. 格罗斯曼，你让我们的合作关系变得更有价值。我还想感谢 N. 里根和 T. 迪索特尔提供的人类学专业意见，感谢 S. 索特尔以他独有的批判视角读完了本书全稿。最重要的是，我要感谢本书收录的所有信件的主人，感谢你们允许我出版我们的通信。有的问题相当私人、敏感，涉及来信者追求幸福和成功的路径，这条路变幻莫测，而且往往充满挑战。本书收录的信件或许能帮助那些生活轨迹与提问者相似，甚至完全相同的人。

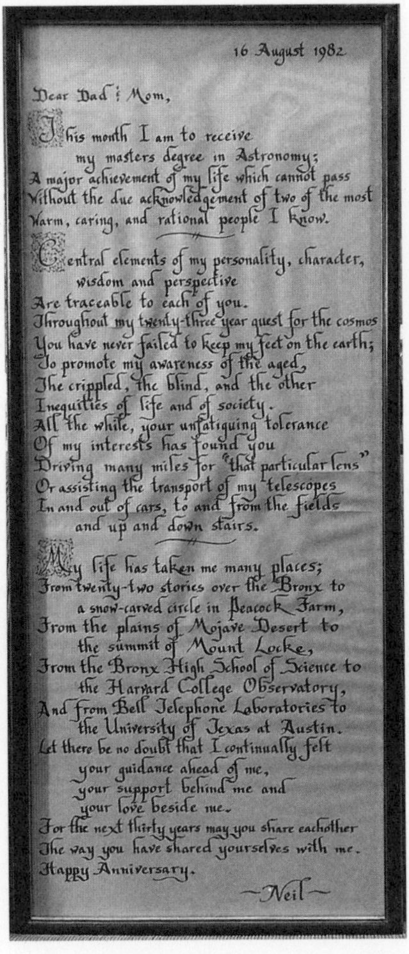

16 August 1982

Dear Dad & Mom,

This month I am to receive
my masters degree in Astronomy;
A major achievement of my life which cannot pass
Without the due acknowledgement of two of the most
Warm, caring, and rational people I know.

Central elements of my personality, character,
wisdom and perspective
Are traceable to each of you.
Throughout my twenty-three year quest for the cosmos
You have never failed to keep my feet on the earth;
To promote my awareness of the aged,
The crippled, the blind, and the other
Inequities of life and of society.
All the while, your unfatiguing tolerance
Of my interests has found you
Driving many miles for "that particular lens"
Or assisting the transport of my telescopes
In and out of cars, to and from the fields
and up and down stairs.

My life has taken me many places;
From twenty-two stories over the Bronx to
a snow-carved circle in Peacock Farm,
From the plains of Mojave Desert to
the summit of Mount Locke,
From the Bronx High School of Science to
the Harvard College Observatory,
And from Bell Telephone Laboratories to
the University of Texas at Austin.
Let there be no doubt that I continually felt
your guidance ahead of me,
your support behind me and
your love beside me.
For the next thirty years may you share eachother
The way you have shared yourselves with me.
Happy Anniversary.

~Neil~